MCP
全场景应用与跨平台调用

Cursor+Blender+DeepSeek+
Dify+Qwen3

孙志华◎编著

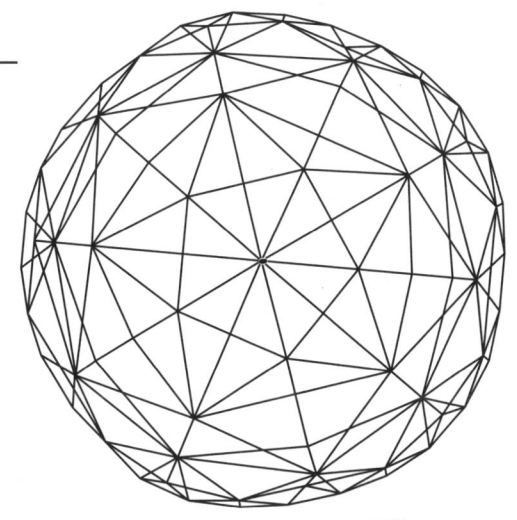

·北京·

内 容 简 介

本书是一本面向AI时代开发者的全栈技术实战指南,直击跨平台协作与智能体开发的核心痛点。本书系统化整合了MCP与五大前沿工具(Cursor、Blender、DeepSeek、Dify、Qwen3)的协同工作,通过16个实战案例揭示从协议原理到商业落地的完整路径。针对开发者常见的部署失败率高、跨平台数据流断裂、智能体响应不稳定等难题,提供腾讯云、阿里云双平台部署方案、Cursor-Blender实时参数传递技术、Dify工作流调试沙箱等即用型解决方案,实测可显著降低重复开发成本。独有的"协议深度、场景丰富度、云原生支持"三维度知识体系,帮助读者快速完成MCP集群部署,快速构建AI驱动的3D模型、智能爬虫、数据可视化等生产级应用。

本书突破传统技术图书的单一维度讲解,使用"技术效能公式"量化评估框架,以七大实战系统串联起函数调用、提示词工程、分布式调度等关键技术。通过gRPC、REST、MCP性能对比、Qwen3数据透视模板等关键知识讲解,解决开发者面临的协议理解模糊、多工具协同混乱等典型问题。无论是需要实现Blender自动化建模的3D设计师,还是构建DeepSeek智能爬虫的数据工程师,都能通过书中提供的真实案例,掌握MCP在跨平台调用中的效率提升秘诀。

图书在版编目(CIP)数据

MCP全场景应用与跨平台调用:Cursor+Blender+DeepSeek+Dify+Qwen3 / 孙志华编著. —— 北京:化学工业出版社,2025.8. —— ISBN 978-7-122-48691-2

Ⅰ.TP18

中国国家版本馆CIP数据核字第2025C4U087号

责任编辑:杨 倩　　　　　　　　　　封面设计:异一设计
责任校对:李 爽　　　　　　　　　　装帧设计:盟诺文化

出版发行:化学工业出版社(北京市东城区青年湖南街13号　邮政编码100011)
印　　装:河北鑫兆源印刷有限公司
710mm×1000mm　1/16　印张10½　字数201千字　2025年9月北京第1版第1次印刷

购书咨询:010-64518888　　　　　　　售后服务:010-64518899
网　　址:http://www.cip.com.cn
凡购买本书,如有缺损质量问题,本社销售中心负责调换。

定　　价:79.00元　　　　　　　　　　　　　　　　　版权所有　违者必究

前言
PREFACE

在人工智能与云计算高速发展的今天，我们正站在一个技术融合与创新的关键节点。人工智能、云计算、大数据等技术的飞速发展，正在重塑各行各业的运作方式。作为这个时代的开发者，我们既面临着前所未有的机遇，也应对着技术场景日益复杂的挑战：如何让分散的技术工具形成有机整体？如何实现AI能力与业务系统的无缝对接？如何在多平台环境中构建稳定高效的协作体系？这些问题的答案，正是本书希望带给读者的核心价值。

回望过去十年的技术发展历程，我们可以清晰地看到三个重要趋势：首先是协议技术的演进，从早期的RPC到RESTful API，再到如今的MCP（Model Context Protocol，模型上下文协议），通信协议正在向着更高效、更智能的方向发展；其次是开发方式的变革，传统的单机开发已经无法满足需求，云原生、分布式架构成为标配；最后是AI技术的普及，从单纯的算法研究到实际业务落地，AI正在深度融入开发流程。

然而，这种技术融合也带来了"成长的烦恼"。在我们的调研中发现，超过80%的开发团队在跨平台协作中遇到以下典型问题：协议转换带来的性能损耗和稳定性问题；不同工具链之间的数据格式不兼容；AI模型与实际业务系统的对接困难，云环境下的部署和运维复杂度激增。

这些问题不仅降低了开发效率，更阻碍了技术创新。正是基于这样的行业痛点，我决定编写本书，希望通过系统化的知识体系和实战案例，帮助开发者突破这些技术瓶颈。

这不是一本单纯的技术手册，更是一张从协议原理到产业落地的全景路线图。本书以MCP为核心，深度整合Cursor、Blender、DeepSeek、Dify、Qwen3五大前沿工具，构建了一套完整的跨平台智能开发体系。本书不仅解析协议设计、云原生部署、函数调用等关键技术，更通过16个实战案例，从Blender自动化建模到Qwen3数据可视化，从DeepSeek智能爬虫到Dify低代码流程，帮助读者跨越理论与实践的鸿沟。无论是希望提升开发效率的工程师，还是探索AI落地的技术管理者，都能在本书中找到可复用的解决方案。

在写作本书的过程中，我始终聚焦三个目标：降低学习门槛（快速完成MCP集群部署）、提升开发效率（减少重复工作）、增强系统稳定性（解决跨平台数据流断裂等典型问题）。书中提供的腾讯云/阿里云实践、分布式爬虫架构设计、智能体响应优化技巧等，均来自真实项目经验。我相信，当MCP与AI工具链的结合成为一种标准范式时，跨平台开发将是一段高效、流畅的创造之旅。

与传统技术书籍不同，本书采用了"三位一体"的架构设计：

协议层：深入解析MCP的核心原理和设计逻辑；

工具层：完整覆盖Cursor、Blender、DeepSeek、Dify、Qwen3五大工具；

实践层：提供16个可直接复用的行业解决方案。

在内容组织上，特别注重理论与实践的平衡。第一部分"基础架构篇"不仅详细讲解MCP的技术细节，还提供了与gRPC、REST的性能对比数据，帮助读者做出合理的技术选型。第二部分"技术整合篇"则通过真实案例，展示如何将这些技术应用于实际业务场景。不仅讲解了基础架构，还详细分析了DeepSeek反爬技术的应对策略，这些内容都来自我们团队在招聘数据采集项目中的实战经验。

本书在以下几个方面具有显著创新。

MCP效能评估模型

提出了"MCP技术效能=协议标准化×工具链整合度×云原生适配性"的量化公式，通过这个模型，开发者可以科学评估自己的技术架构，找到优化方向。

全链路开发体验

从本地开发到云上部署，从单机测试到分布式扩展，本书提供了完整的开发路径。不仅讲解基础的Docker Compose部署，还深入讲解了K8s Operator开发和云平台弹性扩缩容方案。

智能体开发新范式

"低代码开发"系统地介绍了如何利用Dify和MCP构建智能工作流。通过真实案例，读者可以掌握从需求分析到最终上线的全流程开发方法。

数据驱动决策支持

"Qwen3+MCP智能数据分析"展示了AI如何赋能传统BI系统。特别设计了Excel自动处理、可视化图表生成、多模态报告输出三个渐进式案例，帮助读者逐步掌握这些高阶技能。

无论是刚接触MCP技术的新手，还是有一定经验的开发者，都能从本书中找到适合自己的学习路径。通过"基础→进阶→实战"的三阶段内容结构，读者可以根据自身情况灵活选择阅读重点。

本书的完成离不开众多技术同仁的支持。人工智能与云计算的融合才刚刚开始，以MCP为代表的跨平台技术也处于快速发展阶段。我相信，未来的开发范式将继续向着"智能化""自动化""可视化"的方向演进。希望这本书能成为读者探索这一趋势的有力工具，也期待与大家一起见证和创造更精彩的技术未来。

编著者
2025年6月

目 录
CONTENTS

第一部分　基础架构篇 ··· 001

第1章　MCP技术体系解析 ··· 002
1.1　协议演进史：从RPC到MCP ··· 002
1.2　核心设计理念：接口抽象与数据总线 ··· 004
1.3　典型应用场景对比（gRPC、REST、MCP） ··· 005
1.4　协议安全性设计（TLS、ACL、流量加密） ··· 008
1.5　智能体的定义与核心价值 ··· 012
1.6　函数调用的本质：从文本生成到行动执行 ··· 016
1.7　提示词的艺术：人机对话的语言密码 ··· 022

第2章　MCP服务部署实战 ··· 030
2.1　实战案例：单机模式部署（Docker Compose方案） ··· 030
2.2　分布式集群部署（K8s Operator开发） ··· 038
2.3　腾讯云TKE部署 ··· 042
2.4　阿里云ACK弹性扩缩容方案 ··· 046

第3章　云平台对接指南 ··· 051
3.1　实战案例：腾讯云MCP服务接入流程 ··· 051
3.2　阿里云MCP ACK深度解析 ··· 054

第二部分　技术整合篇 ································· 061

第4章　智能3D工作流（Cursor+MCP+Blender）············ 062
4.1　实战案例：Blender Python API架构解析············ 062
4.2　Cursor生成自动化建模脚本······················ 069
4.3　实战案例：MCP实时参数传递方案················ 075
4.4　实战案例：复杂图形生成系统··················· 078

第5章　智能爬虫系统（MCP+DeepSeek）··············· 082
5.1　实战案例：分布式爬虫架构设计·················· 082
5.2　实战案例：DeepSeek应对反爬技术应用············ 088
5.3　实战案例：MCP动态任务调度的实现··············· 095
5.4　实战案例：招聘信息提取······················ 103

第6章　低代码开发（MCP+Dify）··················· 106
6.1　实战案例：MCP插件开发指南··················· 106
6.2　实战案例：Dify工作流引擎应用················· 111
6.3　实战案例：智能策划旅游攻略·················· 125

第7章　智能数据分析与可视化系统（MCP+Qwen3）········ 128
7.1　Qwen3+MCP数据分析框架原理·················· 128
7.2　实战案例：基于MCP的Excel数据自动处理方案······· 128
7.3　实战案例：Qwen3智能可视化图表生成功能·········· 142
7.4　实战案例：MCP多模态报告自动化生成············· 148
7.5　Qwen3+MCP数据洞察与决策支持················ 150
7.6　实战案例：构建AI数据分析助手················· 153

第一部分
基础架构篇

第 1 章　MCP 技术体系解析

1.1　协议演进史：从RPC到MCP

通信协议的发展历程映射了分布式计算与人工智能领域的技术演进。从20世纪80年代的远程过程调用（Remote Procedure Call，RPC）到2024年的模型上下文协议（Model Context Protocol，MCP），每次重大变革都回应了新兴技术的需求。

早期基础：RPC时代

RPC作为分布式系统的奠基技术，将网络通信抽象为本地函数调用，极大地简化了分布式编程的复杂过程。开发者无须关注底层网络细节，便能实现远程服务调用。然而，早期RPC协议存在明显的局限性：协议刚性强、跨平台支持有限、错误处理机制简陋。

面向对象的扩展

20世纪90年代，公共对象请求代理体系结构（Common Object Request Broker Architecture，CORBA）和分布式组件对象模型（Distributed Component Object Model，DCOM）等分布式对象技术在RPC的基础上融入了面向对象理念，实现了支持更复杂的交互模式。尽管功能强大，但这些技术因配置复杂、安全模型刚性和跨厂商交互操作性差等问题，未能得到广泛普及。

Web时代的协议革新

互联网兴起催生了基于Web的通信协议。简单对象访问协议（Simple Object Access Protocol，SOAP）和可扩展标记语言远程过程调用（Extensible Markup Language Remote Procedure Call，XML-RPC）采用可扩展标记语言（Extensible Markup Language，XML）作为数据交换格式，通过超文本传输协议（Hyper Text Transfer Protocol，HTTP）传输，有效解决了防火墙穿透问题。这些协议通过Web服务描述语言（Web Services Description Language，WSDL）提供形式化的

服务描述，但XML的冗长格式仍会导致性能表现不佳。

符合表述性状态转移风格的RESTful架构（Representational State Transferful）以简洁设计和资源导向的特征逐渐崛起，成为Web API的主流范式。REST通过HTTPful统一接口操作来资源，与Web架构完美契合，但在处理复杂业务逻辑和高性能需求时则显得力不从心。

现代RPC的复兴

2015年前后，以谷歌远程过程调用（Google Remote Procedure Call，gRPC）为代表的新一代RPC框架重获青睐。gRPC是基于HTTP/2协议，采用接口定义语言（Protocol Buffers）作为高效序列化格式，提供多语言支持和双向流通信能力，在微服务架构中得到应用广泛。然而，其接口定义仍需手工编写，难以适应高度动态的交互场景。

同期兴起的图查询语言（Graph Query Language，GraphQL）引入了客户端驱动的查询模型，允许前端精确指定所需数据结构，有效解决了传统应用程序在获取编程接口（Application Programming Interface，API）中的过度获取和获取不足等问题。不过，GraphQL在后端实现复杂需求和缓存策略方面带来了新挑战。

AI时代的协议创新：模型上下文协议

进入21世纪20年代，大语言模型（Large Language Model，LLM）的迅猛发展使开发者对通信协议产生了前所未有的需求。AI系统需要与外部工具和服务无缝交互，而传统协议在语义理解、上下文管理和动态适应方面存在明显不足。

2024年，Anthropic公司提出的模型上下文协议建立了一个标准框架，使大语言模型能够高效、安全地与外部系统交互。MCP的"语义优先"设计理念使协议不仅能传递数据，还能传递执行环境和语义信息，让模型能够理解API的功能含义，而非仅知道如何机械地调用。

MCP打破了大语言模型的封闭环境，建立了模型与外界交互的桥梁。它通过标准化接口，使模型能够访问本地数据、调用外部API和操作各种工具，显著扩展了人工智能（Artificial Intelligence，AI）应用的能力。

通信协议从"面向功能"到"面向意图"的转变，体现了AI时代对分布式通信的新需求。这不仅是对旧协议的否定，更是在历史经验基础上的创新，为AI与外界交互构建了新桥梁，标志着分布式通信智能化的新阶段。

1.2 核心设计理念：接口抽象与数据总线

MCP的设计理念围绕接口抽象与数据总线两大核心概念展开，共同构建了一个既面向语义理解又高效可靠的通信框架，使大语言模型能够自然地与外部系统交互。

接口抽象：模型与API的语义桥梁

接口抽象层是MCP的首要创新。传统API设计主要面向人类开发者，依赖明确的函数签名和文档说明，大语言模型难以直接理解其语义内涵。MCP通过建立语义理解层，将API转化为模型可理解的形式，使模型能够把握API的功能本质，而非仅知道调用语法。

MCP将外部工具和服务封装为标准化的工具（Tools）和资源（Resources）。工具类似于函数调用，接受特定参数并返回结果；资源则代表可供查询的数据实体。这种抽象简化了模型与外部系统的交互模式。

协议采用声明式设计，使用结构化格式描述工具、资源和上下文。每个工具的定义包含自然语言描述、输入模式（采用JSON Schema）、输出模式及使用示例。这种设计使模型能通过语义理解而非硬编码规则来选择和使用API，大幅提升了系统适应性。

在版本管理方面，MCP支持多版本共存策略，允许客户根据自身能力选择适当的版本，避免传统API升级中的兼容性断裂问题。版本控制覆盖接口定义、数据模式和功能描述，确保各版本间的语义一致性，实现系统平滑演进。

模块化设计是接口抽象的重要特征。MCP鼓励将复杂的功能分解为基础组件，由模型根据任务需求动态组合。这种"积木式"调用模式不依赖预定义流程，而是基于模型对工具功能的理解自然形成，实现了真正的组合式API调用。

数据总线：高效可靠的通信机制

数据总线作为MCP的第二大支柱，负责高效、可靠地传输模型与外部系统之间的数据流。不同于传统的请求——响应模式，MCP数据总线支持多种通信方式，包括同步调用、异步通信和流式传输，以灵活适应不同场景的需求。

在数据序列化方面，协议采用兼顾效率与灵活性的格式。MCP默认使用JSON作为主要格式，确保可读性与兼容性，同时扩展了对二进制数据的支持，尤其适合处理大型文件和流媒体内容。序列化层包含丰富的类型信息和元数据，帮助模型理解数据语义。

数据总线支持两种主要的传输模式：标准输入输出（STDIO）和服务器发送事件（SSE）。这种设计使MCP服务能够灵活地部署在不同环境中，从本地开发环境到云端服务均可适配。

状态管理是数据总线的关键特性。MCP会话可维护交互上下文，使模型能够理解多步操作中的状态变化。这种设计解决了传统无状态API在复杂交互中的局限，使模型能够执行需要状态感知的多步任务，如数据分析流程或对话式交互。

错误处理设计体现了MCP对AI场景的深入理解。协议不仅控制传递错误代码，还提供结构化的错误描述和恢复建议，使模型能够理解错误原因并采取相应的措施。系统内置重试机制和退避策略，能够优雅地处理临时故障，同时防止级联失败。

性能优化是数据总线的重要考量。MCP采用流水线处理、连接复用和请求压缩等技术，实现了最小化延迟并最大化吞吐量。针对大规模数据传输，MCP协议支持增量更新和差异同步，避免不必要的数据重传。这些优化使MCP能够处理从简单指令到复杂数据分析的各类场景。

资源管理策略能够确保系统稳定运行。MCP不仅实现了请求限流、资源配额和优先级队列等功能，以防止资源耗尽。同时，其动态资源分配机制能够根据请求复杂度和系统负载度调整资源分配，确保关键任务得到充分支持，同时维持系统的整体可用性。

接口抽象与数据总线这两大设计理念相辅相成，共同构建了一个既理解语义又高效可靠的通信框架。值得注意的是，MCP本身并不规定模型如何理解和决策使用哪些工具，这部分逻辑由模型自身负责。协议只定义了交互标准，使开发者能够专注于服务实现，而无须过多关注模型内部处理机制。

这种设计使MCP超越了简单的数据传输协议，成为人工智能系统与外部世界交互的语义桥梁，为未来的AI应用互联奠定坚实的基础。

1.3 典型应用场景对比（gRPC、REST、MCP）

通信协议的选择直接影响系统架构和性能表现。通过典型应用场景分析，对比gRPC、REST和MCP三种主流协议的实际应用效果，可为技术选型提供量化依据。

微服务内部通信

在微服务架构中，服务间的通信频繁且对效率要求高。性能测试表明，gRPC在此场景中表现领先，平均请求延迟为20～30ms，比REST低约40%。这一优势源于HTTP/2的多路复用和Protocol Buffers的高效序列化。某大型电商平台将核心服务从REST迁移到gRPC后，系统吞吐量提升了65%，高峰期CPU使用率降低38%。

REST虽然延迟较高（50～70ms），但因其简单性和通用性仍广泛应用于微服务系统。当服务团队使用不同的技术栈时，REST提供了更低的集成门槛。然而，在高频通信场景下，JSON序列化和HTTP/1.1的限制可能成为性能瓶颈。

MCP在纯微服务通信中平均延迟40～60ms，介于两者之间。MCP的独特优势在于智能服务编排，当系统包含AI组件时，MCP允许服务间通信、与AI交互并实现无缝集成，简化架构复杂度。实验系统显示，采用MCP统一协议的微服务架构比混合协议方案减少了28%的代码量和降低了35%的运维复杂度。

面向公众的API

公开API需兼顾可访问性、文档完善度和开发者体验。REST在此领域占据主导地位，其资源模型直观且与HTTP契合。RESTful API易于探索和测试，支持标准缓存机制，且安全实践成熟。在API调用时间上，REST（85ms）与gRPC（80ms）差异不大，但REST的开发成本明显较低，集成时间平均缩短了46%。

gRPC在公开API中面临多重挑战：浏览器支持有限、需要特定客户端库、文档工具相对不成熟等。gRPC适合对性能和类型安全有严格要求的专业API，如金融交易和数据分析平台。

MCP在公开API领域以AI增强型API为主要应用点。MCP的独特优势是"自描述性"接口，即模型可理解API功能并帮助用户正确调用。用户研究显示，在复杂的查询场景中，用户在调用MCP接口时的成功率比传统的REST高35%，平均任务完成时间减少25%。某知名开发者平台引入MCP后，API使用错误率降低了42%，支持请求减少了31%。

移动应用后端

移动应用对后端API在网络效率、电池消耗和连接稳定性等方面有特殊要求。gRPC在数据传输效率方面领先，相同操作的流量消耗比REST少约63%。实测数据显示，采用gRPC的社交媒体应用比REST版本节省30%的流量，电池续航提升15%~20%。gRPC的流式特性尤其适合聊天和实时通信等场景。

REST凭借其简单性和CDN兼容性，仍是移动后端的常见选择。对于简单的CRUD操作，REST的性能差异并不显著。大型内容分发平台测试显示，REST结合适当的缓存策略，在内容检索场景中的用户体验与gRPC相当，同时REST的开发效率更高。

MCP在移动场景的应用正在增长，特别是在AI辅助应用方面。MCP实现端侧模型与云端大模型协作，在保护隐私的同时提供了先进的智能数据优化功能，可根据内容的重要性动态调整传输质量，在复杂的交互场景下比REST节省26%的流量，同时提供更智能的离线功能。

IoT设备通信

物联网（Internet of Things，IoT）环境的特点是设备规模庞大、资源受限、网络条件多变。gRPC高效序列化和连接复用能力使其在IoT网关应用中表现出色，单网关可支持的设备数是REST的2.5倍。某大规模智能工厂部署后的数据显示，在相同的硬件条件下，gRPC系统支持的传感器数量大幅增加，数据处理延迟降低了58%。

REST结合轻量级协议，如受限应用协议（Constrained Application Protocol，CoAP），常适用于资源极度受限的设备，其简单的HTTP语义易于在嵌入式系统中实现。然而，REST的协议开销和缺乏高效推送机制导致电池供电设备需频繁轮询，增加了能耗。农业监测网络对比测试显示，REST方案的传感器平均电池寿命比优化协议短37%。

MCP在IoT领域有独特应用，尤其是在智能家居系统中。MCP允许用户以自然语言控制设备，而模型则负责将其转换为精确的设备指令。智能家居平台测试显示，MCP系统能将"把客厅调整得更舒适"等模糊的指令准确地转换为温度、照明和环境音乐等具体参数，使用户操作步骤大幅减少，满意度显著提升。

实时数据分析

大规模数据处理系统需要高吞吐、低延迟的通信机制。gRPC在此场景中表现突出，测试中单节点吞吐量达到REST的2.4倍，CPU占用率降低35%。金融分析平台迁移至gRPC后，能够以之前三分之一的服务器资源处理相同的交易量，分析结果延迟从秒级降至毫秒级。

REST在实时分析中受限于其请求——响应模型，难以高效地处理持续数据流。虽然可通过WebSocket扩展功能，但增加了实现的复杂度，且缺乏标准。REST适合轻量级分析和报表生成，但在高性能流处理领域仍处于劣势。

MCP在数据分析领域引入了AI辅助分析模式。MCP允许模型理解数据语义和分析目标，自动选择合适的分析工具并解释结果。市场研究平台调用MCP后，非专业用户的分析准确率大幅度提高，对复杂数据关系的理解深度明显增强，显著降低了数据分析的专业门槛。

协议选择综合考量

通过上述场景分析可见，协议选择应基于具体应用需求。

- gRPC在高性能内部通信中表现最佳，特别适合微服务架构和实时数据处理。
- REST在公开API和简单交互中优势明显，开发门槛低，生态成熟。
- MCP在AI增强型应用中展现出了独特价值，特别适合需要语义理解的复杂交互场景。

在数据传输效率方面，gRPC通常表现最佳；REST在可读性上有优势但效率较低；MCP则在二者之间取得平衡，提供了足够的性能保障。

就开发复杂度而言，REST因其简单直观的概念模型最易上手；gRPC需要学习Protocol Buffers和相关工具的使用；MCP则引入了特定的抽象概念，但通过完善的SDK和AI开发工具协同降低了学习门槛。

实际上，系统通常采用混合策略，让每种协议处理最适合的场景，共同构建现代分布式系统。选择合适的通信协议，能够显著提升系统性能、开发效率和用户体验。

1.4 协议安全性设计（TLS、ACL、流量加密）

MCP采用多层次安全架构，确保AI系统与外部服务交互的安全性、完整性和私密性。这套安全基础设施涵盖传输层安全、访问控制和端到端加密技术，构建了一个全面的防护体系。

传输层安全实现

MCP以TLS 1.3作为基础安全层，该版本较前代提供了显著的安全增强和性能优化。TLS 1.3取消了多个存在安全隐患的特性，如静态RSA密钥交换和RC4等弱加密套件，同时将握手延迟减少至1个RTT（往返时间），提升了连接效率。

协议强制采用支持前向安全性（Forward Secrecy）的加密套件，确保即使长期密钥泄露，甚至已截获的历史通信内容仍无法被解密。安全配置要求最小密钥长度为2048位RSA或256位ECC，并实施90天证书轮换策略，以降低证书滥用风险。

基于网络的SSE传输模式，MCP强制要求采用TLS加密，保护传输中的数据免受窃听和篡改的攻击。即使在本地环境中使用STDIO模式，协议也建议通过操作系统级别的权限控制限制其进程间的通信。

证书验证采用严格检查策略，除标准域名验证外，还实施证书透明度（CT）检查和OCSP装订。CT日志公开记录所有已颁发的证书，使可疑证书能被快速发现；OCSP装订则消除了独立证书状态查询的延迟和隐私风险。测试表明，这些机制能有效防范95%以上的中间人攻击。

为应对量子计算威胁，MCP已开始集成后量子密码学算法，如基于格的加密和哈希签名算法。采用"混合加密"策略，在传统算法之外附加量子安全算法，确保即使在量子计算取得突破的情况下，通信仍保证安全。安全评估显示，这种双重保护增加了不到5%的性能开销，却提供了面向未来的安全保障。

访问控制模型

MCP实现了细粒度的访问控制系统，结合静态策略和动态授权机制。核心模型基于三个实体：身份（Identity）、资源（Resource）和操作（Action），允许精确定义"谁可以对什么资源执行何种操作"。

身份验证支持多种认证机制，包括API密钥等凭据。系统推荐使用短期令牌和频繁轮换凭证。实际部署数据显示，采用24小时令牌有效期配合自动轮换机制，可将凭证滥用风险降低87%。针对AI系统特性，MCP还支持上下文感知认证，根据请求内容、行为模式和模型状态动态调整认证强度。

访问控制列表（Access Control List，ACL）机制在MCP中扮演着权限管控的角色。服务提供者可以为不同的工具和资源定义细粒度的访问权限，根据调用方身份和上下文决定是否允许操作。这一机制特别适用于企业环境，能够确保敏感操作只能由授权模型执行。

资源授权采用基于属性的访问控制（Attribute-Based Access Control，ABAC）模型，结合基于角色的访问控制（Role-Based Access Control，RBAC）元素。这

种混合方法允许根据多维属性（如时间、位置、请求内容和系统负载）做出授权决策。授权规则使用声明式语法定义，支持复杂条件表达式和权限继承。在实际应用中，这种灵活的模型调用模式允许实施如"数据科学家在工作时间内可访问匿名化数据集，但敏感字段需额外审批"等细化策略。

特权保护机制确保即使模型被恶意提示词操纵，也无法越权访问。这包括最小权限原则的实施、敏感操作的多因素授权和异常行为检测等措施。系统会持续分析模型请求模式，当检测到异常操作组合或不寻常的访问频率时，自动触发额外验证或拒绝请求的机制。防御测试显示，这种机制能够识别和阻止98%的提示注入攻击尝试。

审计日志记录所有访问决策和权限变更，包括请求者身份、资源标识、操作类型、时间戳和决策结果等信息。日志采用防篡改存储方式，并支持结构化查询，便于安全分析和合规审计。当发现高风险操作时会触发实时告警，实现快速响应。审计系统设计符合GDPR、HIPAA等主要合规框架的要求，简化了监管合规流程。

流量加密与数据保护

MCP实现了端到端加密，在整个传输路径中保护数据的安全。与传统传输层安全协议（Transport Layer Security，TLS）仅保护点对点通信不同，MCP的端到端加密确保数据仅对发送方和最终接收方可见，中间代理和服务无法访问。这对处理高度敏感信息的场景尤为重要。

端到端加密采用混合加密体系，结合非对称和对称算法。建立会话时使用X25519椭圆曲线实现高效密钥交换，随后采用AES-256-GCM进行对称加密，同时提供数据完整性验证。密钥派生出基于HKDF-SHA256的解决方案，支持会话密钥隔离。性能测试表明，这套加密方案在现代处理器上的吞吐量可达40Gbps，仅增加不到2ms的延迟，却极大提升了私密性。

数据分类机制能够自动识别敏感信息，并应用差异化保护策略。系统使用多层次分类：公开数据、内部数据、受限数据和高敏感数据，每级采用不同强度的加密和访问控制。分类规则结合正则表达式、词汇表匹配和机器学习模型，实现自动敏感数据检测。评估显示，该方法能够正确识别95%以上的个人身份信息和凭证数据，显著降低数据泄漏风险。

防重放攻击机制结合时间戳、Nonce（一次性随机数）和序列号，确保每个加密消息只能被处理一次。系统维护滑动窗口的Nonce历史记录，能够自动拒绝过期或重复的请求。这种设计在高吞吐量的环境下仅增加2%的处理开销，却能有效防止重放攻击和注入攻击。

数据最小化原则贯穿着MCP设计，只传输完成任务所需的最少信息量。在API定义中，明确指定数据需求，系统自动过滤非必要字段，防止过度收集。数据生命周期管理功能确保敏感信息在使用后被及时、安全地删除，减少数据泄漏风险。在实际应用中，这种方法平均减少了37%的数据传输量，同时降低了合规风险。

防滥用与异常监测

MCP内置了防滥用机制，包括调用频率限制、操作复杂度检查和异常行为监测，以防止恶意调用或资源耗尽攻击。系统实施智能限流策略，根据请求类型、用户身份和历史行为动态调整限制阈值。

异常检测引擎通过分析请求模式和内容特征，识别可能的恶意行为。机器学习模型持续学习正常工作模式，当检测到偏离基线的行为时，会自动触发预警。这种主动防御机制能够识别未知的攻击方式，为系统提供额外的安全保护。

安全最佳实践与特殊场景

MCP提供针对特定场景的安全增强选项。对于高敏感应用，支持硬件安全模块（Hardware Security Module，HSM）和可信执行环境（Trusted Execution Environment，TEE）集成，提供密钥保护和隔离执行环境，将密钥材料泄漏风险降至最低。对于边缘计算场景，提供轻量级安全配置文件，在资源受限设备上仍保持合理的安全水平，功耗仅增加5%～8%。

跨域资源共享（Cross-Origin Resource Sharing，CORS）策略严格限制允许的源和方法，防止恶意网站通过浏览器发起未授权的请求。内容安全策略（Content Security Policy，CSP）进一步限制了资源加载和脚本执行，降低了跨站脚本（Cross-Site Scripting，CSS）的使用风险。这些Web安全机制对于基于浏览器的MCP客户端尤为重要，实际部署测试显示，严格的CSP配置能够阻止98%的常见前端攻击向量。

安全集成与互操作性是MCP的核心优势。协议原生支持与企业安全基础设施集成，包括身份管理系统、安全信息与事件管理（Security Information and

Event Management，SIEM）平台和数据丢失防护（Data Loss Prevention，DLP）解决方案。标准化的安全事件格式基于结构化信息标准能够促进组织持续威胁暴露管理（Organization for the Advancement of Structured Information Standards-Continuous Threat Exposure Management，OASIS CTEM），便于跨系统安全监控和响应，平均缩短了58%的安全事件处理时间。

威胁建模和自动化渗透测试是MCP安全开发生命周期的关键环节。协议规范经过多轮STRIDE（欺骗、篡改、抵赖、信息泄露、拒绝服务、权限提升）威胁分析，可以识别和缓解潜在风险。定期安全审查与第三方评估可以确保MCP持续符合行业标准，而快速漏洞响应机制（平均修复时间<72小时）则可以保障系统安全且得到及时更新。

深度防御策略

MCP的安全设计采取了"深度防御"策略，将安全考量融入协议各个层面，既可保护服务免受外部威胁，也可防范潜在的模型越权行为。这种多层次安全架构反映了AI系统安全需求的复杂性，通过最小权限原则和持续改进机制，为人工智能与外部服务的交互建立了坚实的安全基础。

这种综合性安全设计使MCP能够应用于金融服务、医疗保健和关键基础设施等高敏感场景，同时保持系统的可用性和性能，为AI与外部世界的安全交互提供了坚实的基础。

1.5 智能体的定义与核心价值

智能体（Agent）代表着人工智能应用的一个重要演进方向（图1-1）。与传统的聊天机器人相比，智能体不再局限于简单的问答交互，而是能够像人类的助手一样，自主制订计划、调用工具并完成复杂的任务。这种能力使得AI从被动响应转变为主动执行，真正成为能够解决实际问题的智能助理。

智能体的核心价值在于其自主性和目标导向性。当用户提出一个复杂需求时，智能体能够理解任务目标，并将其分解为可执行的步骤，然后通过调用各种工具和服务来逐步完成任务。这种能力使得智能体能够处理那些需要多步骤操作、跨系统协作的复杂场景。而MCP作为智能体的管理和调度中心，负责智能体的注册、任务分配、状态监控以及结果汇总等功能。通过MCP，多个智能体可以高效地协同工作，共同完成更为复杂的任务。智能体的自主性和目标导向性，结合MCP的协同管理能力，使得整个系统在处理复杂问题时表现出更高的效率和可靠性。

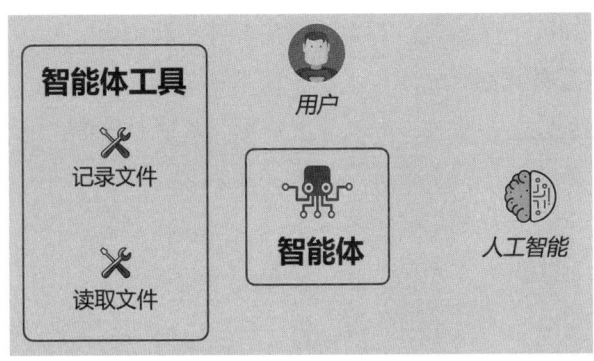

图 1-1　Agent 示意图

智能体的四大核心组件

智能体的强大能力源于其精心设计的架构，主要包含四个核心组件。

- 大语言模型（LLM）作为智能体的认知核心，负责理解用户意图、生成决策和控制整个执行流程。模型的参数规模直接影响智能体的智能程度，从8B到235B甚至是671B的不同规模的模型，在理解能力、推理能力和任务完成质量上存在明显差异。选择规模合适的模型需要在性能和成本之间找到平衡点。
- 记忆（Memory）系统赋予智能体持续学习和个性化服务的能力。短期记忆存储当前对话的上下文信息，确保多轮对话的连贯性；长期记忆则保存用户偏好、历史交互数据和重要信息，使智能体能够提供更加个性化的服务。记忆系统的实现可以基于内存存储或持久化数据库，根据应用场景选择合适的存储方案。
- 规划（Planning）能力使智能体能够将复杂的任务分解为可管理的子任务。这种能力包括任务分解、步骤排序、资源分配和进度监控等方面。高级的规划能力还包括反思（Reflection）机制，让智能体能够评估执行结果，从错误中学习并调整后续策略。
- 工具（Tool）则是连接智能体与外部世界的桥梁。通过集成各种MCP、API和服务，智能体能够获取实时信息、执行具体操作和访问专业功能。工具的范围非常广泛，包括搜索引擎、数据库、计算器、代码解释器、文件管理系统等。

智能体的工作流程解析

下面通过一个具体案例来解析智能体的工作流程。假设用户要求："分析国家电投近几年的发展情况，制作一份包含投资趋势和行业布局的可视化报告。"

智能体接收到这个任务后，首先进行任务分析和规划。

- 搜索和收集国家电投的官方年报、新闻报道等相关资料。
- 提取关键数据，包括营收、利润、投资额、项目分布等。
- 分析数据趋势，识别重点投资领域和发展方向。
- 生成文字分析报告，总结关键发现。
- 创建数据可视化图表，直观地展示趋势。
- 开发交互式网页，整合报告和图表。
- 部署网页并提供访问链接。

在执行过程中，智能体会调用不同的工具，包括使用搜索API获取公开信息，通过MCP调用数据分析工具处理数据，使用图表生成工具创建可视化内容，调用代码生成器编写网页代码，最后通过部署服务发布成果。在整个过程中，智能体会持续监控执行进度，处理可能出现的错误，并根据中间结果调整后续步骤（图1-2）。

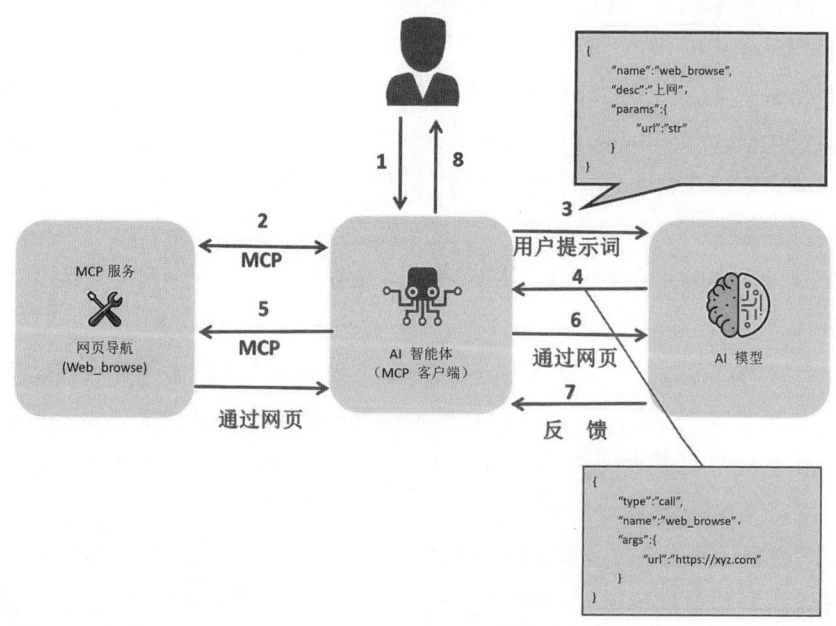

图 1-2　智能体的工作流程

工作流编排与智能体的稳定性

虽然大语言模型具有强大的规划能力，但对于关键业务场景，完全依赖模型自主规划可能存在一定的风险。因此，工作流编排成为确保智能体稳定性的重要手段。

工作流编排允许开发者预设任务执行的流程模板。这些模板将复杂任务分解为标准化的执行步骤，每个步骤都有明确的输入、输出和异常处理机制。智能体在执行任务时，会根据用户需求选择合适的工作流模板，然后按照预设的流程执行。

这种方式的优势如下。
- 可预测性：执行路径清晰明确，便于监控和调试。
- 可靠性：关键步骤有保障机制，降低失败的风险。
- 可复用性：成功的工作流可以作为模板重复使用。
- 灵活性：在固定的框架内仍保留AI的判断和优化空间。

智能体开发平台的兴起

随着智能体技术的成熟，各种低代码和无代码开发平台应运而生。这些平台如Coze、Dify、文心智能体平台等，大大降低了智能体开发的技术门槛。

在这些平台上，开发者可以通过图形化界面完成智能体的创建和配置。
- 选择基础模型（如GPT-4、文心一言、通义千问等）。
- 配置系统提示词，定义智能体的角色和能力。
- 添加知识库，上传专业文档和数据。
- 集成外部工具，扩展智能体功能。
- 设计工作流，定义任务执行流程。
- 设置记忆系统，选择存储方案。

这种可视化的开发方式使得非技术人员也能创建专业的智能体应用，加速了AI技术在各行业的落地应用。

模型蒸馏技术的应用

智能体的广泛应用面临着一个重要挑战，即大参数模型的部署成本。一个671B参数的模型可能需要价值200万元的硬件设备，这对中小企业来说是难以承受的负担。模型蒸馏技术为这个问题提供了解决方案。

模型蒸馏是将大模型（教师模型）的知识转移到小模型（学生模型）的过程。通过这种技术，人们可以创建参数量较小但性能接近大模型的蒸馏版本。例如，通过蒸馏技术，可以将671B的模型知识转移到7B或14B的小模型中，使其在特定任务上达到接近大模型的效果。

这种技术的意义如下。
- 大幅降低部署成本，使更多企业能够使用AI技术。
- 提高推理速度，改善用户体验。
- 支持边缘部署，在手机、IoT设备等资源受限的环境中运行。
- 保护数据隐私，支持本地化部署。
- 智能体未来的发展方向。

智能体技术正在快速演进，未来的发展趋势如下。
- 多模态能力增强：未来的智能体将不仅可以处理文本，还能理解和生成图像、音频、视频等多种模态的内容，提供更加丰富的交互体验。
- 协作式智能体网络：多个专业化的智能体将能够相互协作，形成智能体网络，共同完成更加复杂的任务。每个智能体专注于自己擅长的领域，通过MCP协议等方式进行通信和任务分配。
- 持续学习能力：智能体将具备从交互中学习的能力，不断优化自己的行为模式和知识库，提供越来越个性化和高效的服务。
- 情境感知增强：通过集成更多的传感器和数据源，智能体将能够更好地理解用户所处的环境和情境，提供更加贴心和及时的服务。

智能体技术的发展正在改变人机交互的范式，从简单的命令执行转向智能化的任务协作。这种转变不仅提高了工作效率，也为各行业的数字化转型提供了新的可能性。随着技术的不断成熟和应用场景的拓展，智能体将成为连接人类意图和数字世界的重要桥梁。

1.6　函数调用的本质：从文本生成到行动执行

函数调用（Function Calling）是大语言模型发展历程中的一个重要里程碑。在此之前，AI模型就像一个博学的学者，虽然知识渊博，但只能通过文字来表达，无法真正地做任何事情。函数调用改变了这一局限，赋予了AI执行实际操作的能力（图1-3）。

第1章 MCP技术体系解析

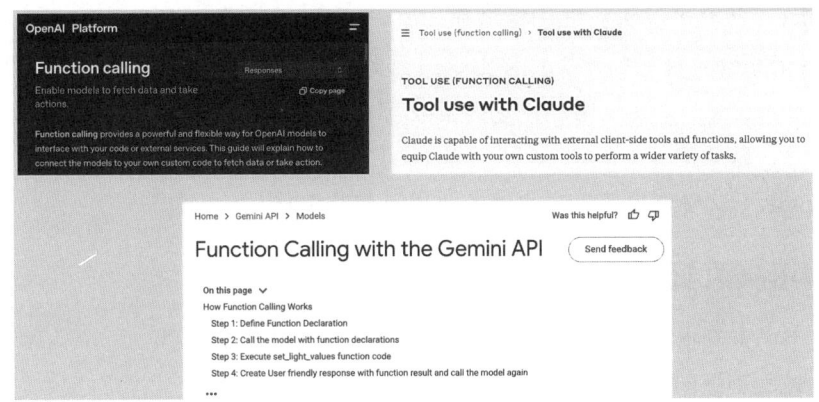

图 1-3　Function Calling 的例子

从技术本质来看，函数调用是一种结构化的交互机制。它允许大语言模型在生成文本回复的同时，识别出需要调用外部功能的时机，并以标准化的格式生成调用请求。这种能力使得AI从纯粹的"语言模型"进化为"行动模型"，能够通过调用各种API和服务来完成实际任务。

函数调用与MCP之间存在着紧密的关系。MCP作为智能体的核心组件之一，充当了AI与外部世界交互的桥梁。通过MCP，智能体不仅能够理解和生成语言，还能够控制硬件设备、访问数据库、调用第三方服务等。而函数调用是智能体与MCP进行交互的一种重要方式。当智能体识别到需要执行某个实际操作时，它会通过函数调用机制生成一个标准化的调用请求，并将该请求发送给MCP。MCP接收到请求后，会根据请求的内容调用相应的外部功能或服务，并将执行结果返回给智能体。

这种结构化的交互机制不仅提高了智能体的执行效率，还增强了其可扩展性和灵活性。通过不断增加新的函数调用和扩展MCP的功能，智能体可以轻松地适应不同的应用场景和需求。

这种转变的意义是深远的。以往，用户在获得AI的建议后，仍需要自己去执行具体操作。现在，AI可以直接帮助用户完成这些操作，真正实现了从"告诉你怎么做"到"帮你做"的跨越。

函数调用的技术架构与实现原理

函数调用的实现涉及多个技术层面的精巧设计，每个可调用的函数都需要按照特定的格式进行定义。以JSON格式为例，一个典型的函数定义包含如下内容。

017

- name（函数名称）：唯一标识符，如"get_weather"。
- description（功能描述）：详细说明函数的作用，帮助模型理解何时调用。
- parameters（参数规范）：定义函数需要的输入参数，包括参数类型、是否必须、默认值等。
- returns（返回值说明）：描述函数的返回数据格式。

调用决策机制

当用户发起请求时，大语言模型需要进行复杂的决策。
- 分析用户意图，判断是否需要调用外部函数。
- 如果需要调用，选择最合适的函数。
- 从用户输入中提取函数所需的参数。
- 生成符合规范的函数调用请求。

在处理用户请求时，大语言模型需要经历一个精密的决策流程。这个过程如同一位经验丰富的管家，不仅要理解主人的需求，还要知道应该调用哪些资源来满足这些需求。

当用户发起请求后，模型首先进行意图分析。这个分析过程涉及多个维度的理解。模型需要识别用户的核心需求是什么，这个需求是否超出了纯文本生成的范畴。例如，当用户询问"帮我查看明天北京的天气"时，模型能够识别出这不是一个可以通过已有知识回答的问题，而是需要获取实时信息。

意图识别的准确性依赖于模型的训练质量和提示词的设计。模型通过分析关键词、句式结构和上下文信息来判断用户意图。"查看""明天""天气"这些关键词组合在一起，明确指向了调用天气查询功能的需求。而如果用户问"天气预报是如何工作的"，虽然也包含"天气"关键词，但模型能够识别出这是一个知识性问题，不需要调用外部函数。

在确定需要调用外部函数后，模型面临着函数选择的挑战。现代AI系统通常配备了多种函数工具，从简单的计算器到复杂的数据库查询工具。模型需要在这些可用函数中选择最合适的一个。这个选择过程基于函数的描述信息和用户需求的匹配度。

函数描述的质量直接影响选择的准确性。每个函数都应该有清晰的功能说明，包括它能做什么、适用于什么场景、有什么限制等。模型通过语义匹配技术，计算用户需求与各个函数描述之间的相似度，选择匹配度最高的函数。

参数提取是另一个关键环节。在确定了要调用的函数后，模型需要从用户的输入中提取该函数所需的参数。这个过程类似于填表，模型需要识别用户提供的信息中，哪些信息对应函数的哪个参数。

以天气查询为例，函数可能需要"城市"和"日期"两个参数。模型需要从"明天北京的天气"中提取出"北京"作为城市参数，将"明天"转换为具体日期作为日期参数。这种提取不是简单的字符串匹配，而是需要理解语义。"明天"需要基于当前日期计算出具体日期，"首都"需要理解为"北京"。

参数提取的复杂性还体现在处理隐含信息上。用户可能说"那里的天气怎么样"，模型需要从上下文中找出"那里"指代的具体地点。或者用户说："下周一"，模型需要计算出具体是哪一天。

最后，模型需要生成符合规范的函数调用请求。不同的AI平台有不同的函数调用格式要求，但通常都是结构化的JSON格式。模型需要将提取的参数按照规定格式组装成调用请求。

调用请求的生成必须严格遵循格式规范。参数类型必须正确、必要的参数不能缺失、参数值需要符合约束条件等。例如，日期参数必须是标准的日期格式，城市参数必须是函数能够识别的城市名称。

这个生成过程还需要处理各种边界情况。如果用户没有提供必需的参数，模型需要决定是直接询问用户补充信息，还是使用默认值。如果用户提供的参数值不符合要求，模型需要进行适当的转换或向用户请求澄清。

整个决策流程的设计体现了人工智能系统的智能性。它不是机械地执行预设规则，而是能够理解、分析、决策和执行。这种能力使得AI系统能够真正成为用户的智能助手，不仅能够回答问题，还能够帮助用户完成各种实际任务。这个决策过程依赖于模型的理解能力和训练质量。现代大语言模型通过专门的训练，能够准确识别需要调用函数的场景，并生成正确的调用格式。

执行与结果处理

生成函数调用请求后，系统需要如下内容。

- 解析调用请求，提取函数名和参数。
- 执行对应的函数，获取结果。
- 将结果返回给大语言模型。
- 模型基于函数返回的结果，生成最终的用户回复。

生成函数调用请求后，系统进入执行阶段，这个过程如同精密的流水线，每个环节都必须准确完成。

系统首先解析调用请求，处理JSON格式的结构化数据，验证函数名是否存在、参数是否匹配、类型是否正确等。这种验证确保了后续执行的可靠性。

提取参数后，系统执行实际的函数调用。简单的函数可能只需数学计算，复杂的函数则需要访问数据库或调用外部API。必须保证执行环境的安全性，设置时间、内存和网络访问的权限，防止恶意操作影响系统稳定。

异常处理策略至关重要。对于网络超时、服务不可用等问题，需要优雅处理，常用策略包括重试机制和友好错误提示。对于频繁调用的函数，系统可通过缓存来避免重复执行；耗时操作则可采用异步的方式进行处理。

函数执行完成后，需要将结果返回给大语言模型。这不是简单的数据传递，而是需要确保格式的一致性。以保证原始返回值经过格式化处理，被转换成模型能够理解的形式。

大语言模型接收结果后，生成最终回复。模型将技术性数据整合成自然流畅的语言，同时要确保准确性、自然性和上下文的连贯性。例如，将"温度25℃、湿度70%、小雨"转换成"明天北京有小雨，气温舒适约25℃，湿度较高，建议携带雨具"。

当函数执行失败时，模型将技术错误转换成对用户友好的说明，如将Connection timeout转换成"天气服务暂时无法访问，请稍后再试"。

整个流程对用户完全透明，后台完成复杂的解析、执行和处理工作后，最终呈现出简洁、准确的信息。这种设计实现了效率与用户体验的平衡，使AI系统成为真正的智能助手。

实际应用场景深度剖析

下面通过几个具体的应用场景，深入理解函数调用的强大能力。

（1）智能天气助手

当用户询问"如果明天北京下雨，我需要取消户外活动吗？"时，传统的AI只能给出一般性建议，但通过函数调用，智能体可获取如下内容。

- AI会识别用户需要查询天气信息。
- 调用天气API，传入参数：城市="北京"，日期="明天"。
- 获取返回结果：降水概率80%，预计降雨量15mm。

- 基于数据生成建议："明天北京有80%的概率下中雨，降雨量较大，建议取消户外活动或准备雨具。"

（2）企业数据分析助手

在企业环境中，函数调用展现出更强大的能力。用户请求："分析上季度销售数据，找出表现最好的产品类别"，智能体通过函数调用可实现如下分析。

- query_database()：查询销售数据库。
- calculate_statistics()：计算各类别销售额和增长率。
- generate_chart()：生成可视化图表。
- export_report()：导出分析报告。
- 最终交付完整的分析报告，包含数据、图表和分析。

（3）个人智能助手

无论是管理日程、提醒重要事项，还是处理电子邮件、安排会议，甚至是进行复杂的数据分析和报告生成，掌握函数调用能力的智能体都能轻松搞定。

- 调用日历API安排会议。
- 调用邮件API发送通知。
- 调用任务管理API创建待办事项。
- 调用文档API整理会议纪要。

函数调用的演进：从手工实现到标准化

在函数调用标准化之前，开发者需要通过在System Prompt中详细描述可用函数来实现类似的功能。例如，可以使用以下工具。

- 查询天气：输入"weather:<城市名>"来查询天气。
- 搜索信息：输入"search:<搜索词>"来搜索网络。

早期函数调用的实现面临诸多挑战。开发者需要在系统提示词中详细描述函数和调用格式，这种非标准化方法带来了格式混乱、Token消耗过大、模型理解不稳定、解析复杂等问题。仅函数说明就可能占用上千个Token，而模型输出的不确定性导致频繁重试，严重影响输出效率。

标准化函数调用彻底改变了这一局面。主流AI服务商推出统一的JSON格式定义，包含函数名称、描述、参数等标准字段。模型经过专门训练，能准确识别调用时机和参数提取。服务端自动处理格式错误，大幅减少Token的使用，显著提升了大模型的可靠性和响应速度。

但跨平台兼容性仍是挑战。OpenAI、Anthropic、Google等公司各有不同的实现方式，开源模型支持程度参差不齐。开发者可以通过构建适配层解决这一问题，将内部统一的格式转换为各平台特定的格式，并为不支持的模型提供Prompt降级方案。

随着高级调用技巧不断涌现，并行调用允许同时触发多个函数、链式调用实现函数间的数据流转、条件调用根据前置条件智能决策等，这些技术大幅提升了系统效率和灵活性。

基于角色的访问控制、API密钥加密管理、调用频率限制等机制确保了系统的安全性。完善的审计体系记录每次调用，如有异常触发则实时告警，成本和性能监控保障系统稳定运行。

随着性能的持续优化，如智能缓存复用常用结果、批处理合并相似请求、异步处理避免长任务阻塞等。这些策略在保证功能的同时，也显著地降低了资源消耗。

未来的发展方向非常明确。智能体将能自动发现API服务，基于语义生成函数定义，智能组合函数完成复杂的任务。AI行业正推动建立统一的标准，实现真正的跨平台互操作，降低开发成本，加速AI应用普及。函数调用技术正将AI从对话工具转变为真正的任务执行者。

函数调用技术的出现和发展，标志着AI从"知识型"向"行动型"的重要转变。它不仅扩展了AI的能力边界，更为构建真正有用的AI应用奠定了基础。随着技术的不断完善和标准化，函数调用将成为连接AI与现实世界的关键桥梁，推动AI在各个领域的深度应用。

1.7 提示词的艺术：人机对话的语言密码

提示词（Prompt）是人类与AI进行交流的基础语言界面，它不仅仅是简单的问题或指令，而是一门需要精心设计的沟通艺术。在AI时代，掌握提示词的设计技巧，就如同掌握了与AI高效协作的钥匙。

提示词的重要性体现在多个层面。首先，它直接决定了AI输出的质量和相关性。一个精心设计的提示词可以引导AI生成准确、有深度的回答，而模糊或错误的提示词则可能导致AI产生偏离主题或无用的内容。其次，提示词影响着AI的行为模式和回复风格，通过不同的提示词设计，可以让同一个AI模型展现出完全不同的"性格"和专业能力。

从本质上说，提示词是人类需求的编码，是AI能够理解和执行的指令。这个转化过程需要考虑AI的工作原理、能力边界，以及具体的应用场景。

用户提示词与系统提示词的双层架构

在Coze系统中有两种提示词（图1-4），即用户提示词（User Prompt）和系统提示词（System Prompt），这两种提示词起到完全不同的作用，掌握这两种提示词的编写技巧，是我们能够与AI顺利对话的关键。

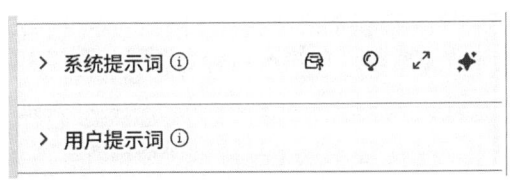

图1-4　Coze系统中的两种提示词

用户提示词的特征与设计

用户提示词是用户直接输入的内容，代表着即时的需求和问题。优秀的用户提示词具有以下特征。

- 清晰性是首要原则。明确的问题描述能够帮助AI准确理解用户意图。例如，"分析2023年中国新能源汽车市场的发展趋势"比"说说新能源车"更容易获得高质量的回答。
- 具体性可提升回答质量。提供具体的背景信息、约束条件和期望的输出格式，能够引导AI生成更符合需求的内容。例如，"请以表格的形式对比特斯拉Model 3和比亚迪汉EV在价格、续航、充电速度三个维度的差异"。
- 结构化思维帮助解决复杂的任务。对于复杂的问题，可以将其分解为多个子问题，或者提供清晰的步骤指引。例如，"第一步，列出主要竞争对手；第二步，分析各自的优势；第三步，预测未来的趋势"。

系统提示词的深层设计

系统提示词是AI的"出厂设置"，定义了AI的基础行为模式。它的设计更加复杂和系统化。

- 通过角色定义赋予AI专业身份。通过详细描述AI扮演的角色，包括专业背景、经验水平、工作职责等，可以让AI的回答更加专业和可信。例如，"你是一位有20年经验的财务分析师，专精于科技行业的财务报表分析和投资评估"。
- 通过能力边界明确AI的限制。清晰地告诉AI什么可以做，什么不应该做，避免AI给出超出其能力范围的承诺或建议。例如，"你可以提供基于公开数据的分析，但不能给出具体的投资建议或收益保证"。
- 通过行为准则规范交互方式。定义AI的语言风格、回复长度、格式偏好等，确保用户体验的一致性。例如，"使用专业且易懂的语言，每个回答控制在200～300字，必要时可举例说明"。
- 通过知识范围设定专业领域。明确AI在特定领域的知识深度和广度，以及如何处理超出范围的问题。例如，"专注于移动互联网和人工智能领域，对于其他领域的问题，明确说明是否掌握相关知识并给出可供咨询的专家明细"。

Token机制与上下文窗口的技术限制

Token是大语言模型处理文本的基本单位，理解Token机制对于优化提示词设计至关重要。Token并不等同于单词或字符，而是模型特定的文本分割单位。

在中文环境里，Token的分割更加复杂。一个汉字可能被分割为1～3个Token，这取决于具体的模型和分词策略。例如，"人工智能"这四个字在ChatGPT中可能被分割为2～3个Token，而在其他模型中则可能有不同的分割方式。

Token计算的复杂性还体现如下内容。

- 标点符号通常占用独立的Token。
- 英文单词根据长度和常见度占用1～3个Token。
- 特殊字符和表情符号的Token占用各不相同。
- 代码和技术术语往往需要更多Token。

不同规模的上下文窗口适用于不同的应用场景。

- 16K上下文（8000～10000中文字符）适合日常对话和简单的文档分析。这个规模可以处理一般的客服对话、简短的文章总结或基础的问答任务。
- 32K上下文（16000～22000中文字符）能够处理中等复杂度的任务，如分析一份标准的商业报告、处理多轮深度对话或进行跨文档的信息整合。
- 128K上下文（60000～90000中文字符）支持处理长篇文档，如完整的研究报告、小说章节或复杂的代码库分析。

- 256K及以上的超长上下文则用于处理极其复杂的任务，如整本书籍的分析、大型项目文档的审查或时间跨度较长的历史数据分析。

有效管理上下文窗口需要多种策略配合，具体策略如下。

动态压缩技术可以在保留关键信息的同时减少Token的使用。通过识别和删除冗余信息、使用摘要替代详细描述、压缩重复内容等方式，可以在有限的上下文窗口内处理更多信息。

滑动窗口机制适用于处理超长文档。文档可分割成多个片段，每次处理时保留部分重叠内容以维持上下文的连续性，逐步完成整个文档的处理。

层次化信息组织是将信息按重要性分层。核心信息始终保留在上下文中，次要信息根据需求而进行动态加载，背景信息则通过引用或总结的方式提供。

提示词工程的高级技巧

思维链（Chain-of-Thought）提示是一种强大的技术，通过引导AI展示推理过程来提高回答质量。

例如：一家咖啡店第一天卖出了25杯咖啡，第二天比第一天多卖了30%，第三天是前两天总和的80%，请问三天总共卖出了多少杯咖啡？

请按以下步骤思考。

计算第二天的销量；

计算前两天的总和；

计算第三天的销量；

计算三天的总销量。

这种方式强制AI进行步骤化思考，显著提高了复杂问题的解答准确率。

少样本学习（Few-shot Learning）提示是通过提供少量示例来指导AI的输出格式和风格。通过将下列句子改写为更专业的表达方式，我们来感受一下二者的不同。

示例1

原句：这个方案不太行。

改写：该方案存在可行性不足的问题。

示例2

原句：客户很生气。

改写：客户对当前服务表示强烈不满。

创建详细的角色设定以获得专业回答。

例如：你是一位经验丰富的产品经理，曾在多家知名互联网公司工作，擅长用户研究和产品规划。你的思维方式注重数据驱动和用户体验，在回答问题时会考虑商业价值、技术可行性和用户需求的平衡。基于这个角色，请分析这个新功能提案。

行业特定模板的构建

提示词模板在不同行业的应用体现了专业化和定制化的重要性。每个领域都有其独特的需求和规范，是否好用、易用，能否满足公司的运营要求，需要使用专业人士精心设计的模板来确保其输出的质量和合规性。

医疗领域的提示词模板设计必须将准确性和安全性放在首位。在处理健康相关信息时，任何模糊或错误的表述都可能带来严重后果。症状描述需要采用标准化格式，确保信息的完整性和一致性。例如，疼痛描述应包含位置、性质、程度、持续时间、加重或缓解因素等维度。这种标准化不仅有助于AI准确了解患者情况，也便于专业的医疗人员快速获取关键信息。医学术语的准确使用是医疗模板的核心要求。专业术语必须符合国际医学标准，避免使用可能引起歧义的通俗表达。模板中通常会包含术语词典和同义词映射等功能，确保AI能够正确理解和使用专业词汇。例如，"高血压"应使用标准术语Hypertension，并明确其分级标准。免责声明在医疗模板中不可或缺。每个回复都应明确说明AI提供的是信息参考而非医疗诊断，建议用户咨询专业医生。这种声明需要根据不同国家和地区的法律要求进行调整，确保准确性和安全性。

教育领域的模板设计理念截然不同，核心在于促进学习和理解。知识点的分解和组织遵循认知科学原理，将复杂的概念拆分成易于理解的小单元。每个知识点都应有清晰的学习目标、前置知识要求和后续拓展方向。难度递进是教育模板的关键特征。内容安排从基础概念开始，逐步深入到高级应用。这种设计考虑了学习者的认知负荷，避免信息过载。例如，在讲解编程时，先介绍变量的概念，再讲解数据类型，然后是控制结构，最后才是复杂算法。互动和反馈机制让学习过程更加生动、有效。模板中应包含各种互动元素，如思考题、练习题、实践项目等。AI不仅能提供答案，还能根据学习者的表现给出个性化反馈和改进建议。这种双向交流能够大大提升了学习效果。

商业分析领域的提示词模板设计则以全面性和实用性为导向。SWOT分析框架是商业分析的经典工具，模板要确保从优势、劣势、机会、威胁四个维度全面评估企业或项目。每个维度都有具体的分析要点和示例，帮助使用者避免遗漏重要信息。数据支撑是商业分析的基础。模板要求所有观点和结论都有相应的数据支持，包括市场数据、财务指标、用户调研结果等。这种要求培养了AI基于事实决策的习惯，提高了分析的可信度。模板中通常包含数据来源的引用格式和可靠性评估标准。可视化建议让复杂的商业信息更容易被理解和传播。模板会根据数据类型推荐合适的图表形式，例如趋势用折线图、占比用饼图、对比用柱状图、关系用散点图等。除了图表类型，还包括色彩方案、标注规范等细节指导。

这些行业特定的模板体系不是固定不变的，而是随着行业发展和用户需求不断演进的。医疗模板需要跟进最新的诊疗技术和科研成果，教育模板要适应新的教学理念，商业模板则要反映市场变化和新的分析方法。模板的本地化也是重要的考虑因素。不同地区的行业规范、文化背景、语言习惯都会影响模板设计。一个优秀的模板体系应该具有足够的灵活性，能够适应不同场景的需求，同时保持核心价值和质量标准。

提示词库的建设与管理

提示词库已成为企业AI应用的关键基础设施，如同软件开发的代码库，支撑着企业的日常运营和持续改进。

组织级提示词库的核心价值体现在四个方面。

- 质量一致性管理确保所有团队成员使用标准化提示词，以便于用户获得统一的服务体验；
- 学习成本大幅降低，新员工可直接使用成熟的模板，避免重复试错；
- 从个人经验转化为组织资产，使优秀设计和解决方案得以保存、传播；
- 业务响应更加敏捷，基于现有模板快速创建新提示词，缩短新功能上线时间。

版本控制是管理核心，记录每个提示词的完整历史，包括修改时间、修改原因和责任人。这种追溯便于企业定位问题和理解演进过程，使回滚和对比测试变得简单。

效果评估让优化有据可依。通过准确率、满意度、响应时间等多维度指标，识别优秀的提示词和改进点。通过A/B测试提供数据支撑，企业通过定期审查来确保持续优化。

权限管理采用分级制度：普通用户查看、使用；资深用户提交建议；管理员审批入库，这既保证了质量，又鼓励了创新。

技术实现从简单的共享文档到专门的管理平台，理想的平台应支持分类检索、版本对比、使用统计等功能，并能与AI应用无缝集成。

完善的元数据可以使词库更智能，包含适用场景、预期效果、注意事项等信息，便于AI快速判断，并给出智能推荐。补充协作功能（如评论、评分等）可以促进知识共享，而激励机制则可鼓励贡献，这些数据搜集的功能均可使数据库更加丰富。

随着技术的发展，提示词库正从企业工具演变为行业基础设施，公共词库的建设加速了AI生态的发展。这不是一次性工程，而是需要长期维护的系统工程，其价值随内容的丰富而不断增长，最终成为组织AI竞争力的核心资产。

多语言环境下的提示词优化

在全球化应用中，提示词需要考虑多语言支持。

- 语义等价性问题：不同语言的表达方式和文化背景差异可能导致理解偏差。例如："Break a leg!"中文直译是"摔断一条腿！"而在英文中所要表达的意思是"祝你好运！"。
- Token效率差异：相同含义的内容在不同语言中占用的Token数量差异很大。中文通常比英文更加紧凑，但在某些技术术语上可能需要更多Token。
- 文化适应性：提示词需要考虑不同文化背景下的表达习惯和禁忌。

在输出类型上，我们可以使用语言标记出明确指定输出的语言，例如："Please respond in Simplified Chinese: [你的问题]"。

多语言提示词的发展趋势

提示词技术正经历从手工编写到智能生成的革命性转型，专业化和智能化成为主要趋势。

自适应系统通过分析用户的输入内容，自动优化提示词的措辞和结构。系统会建立用户画像，了解其表达习惯和需求特点。例如，对技术用户采用专业术语，对普通用户选择通俗表达。实时调整机制让优化成为动态的过程，通过多轮迭代找到最优配置。不断沉淀领域知识，形成专业化的模式库。

可视化工具正在改变创建方式。拖拽式界面让开发应用如搭积木般简单，不仅可以实时预览实际效果，无须掌握编程语言。一键化的性能分析提供Token效率、响应时间等指标，并给出具体的优化建议。团队协作支持多人编辑、版本管理和审批流程，让团队组建更加游刃有余。

行业正制定涵盖语法规范、语义约定、安全准则的统一标准，全面展开标准化进程。跨平台交换格式实现了可移植性，一个平台的应用开发可轻松迁移到其他平台。质量评估体系也基于标准测试集和评分规则，提供更为客观的性能衡量标准。

AI行业专业认证标志着提示词工程师等新兴职业越来越抢手。认证包括知识考核、能力测试和项目评估等内容，以确保工程师具备系统理论和实践经验。

这些趋势推动提示词技术从经验驱动向数据驱动、从手工作坊向工业化生产转变，为AI应用的普及奠定基础，掌握趋势将获得先发优势。

大语言模型作为这场变革的引擎，通过Transformer架构和海量数据训练，实现了对人类语言的深度理解。从GPT系列的不断进化到Claude、LLaMA等模型的百花齐放，技术发展呈现出规模扩大、能力提升、效率优化三大趋势。模型不再是单纯的文本生成器，而是具备推理、创造、执行能力的智能系统。

通过Token和MCP的结合、提示词工程的优化、函数调用的灵活性，这些技术要素相互配合，构建了完整的AI应用生态。大语言模型提供智能基础，Token机制定义交互规则，MCP架起交互桥梁，提示词实现精确控制，函数调用赋予执行能力。理解这些核心概念，掌握其原理和实践方法，是在AI时代取得成功的关键。

展望未来，模型能力将继续提升，交互方式将更加自然，应用场景将不断拓展。多模态融合、实时学习、个性化适应将成为新的发展方向。同时，标准化、规范化、专业化的趋势将让AI技术更加成熟可靠。

第 2 章　MCP 服务部署实战

2.1　实战案例：单机模式部署（Docker Compose方案）

Docker是一种开源的应用容器引擎，作为一个容器管理工具，它允许开发者将应用及其依赖打包到一个可移植的容器中。除了Docker，容器运行时还包括Kubernetes、Containers等，但Docker因其易用性而成为最常用的容器引擎。

安装Docker

» 步骤1：访问Docker官网

首先，需要访问Docker官方网站（图2-1），下载安装程序。在官网主页的Products菜单中可以找到Docker Desktop选项。选择合适的Windows版本后，系统会开始自动下载Docker Desktop Installer.exe安装文件。

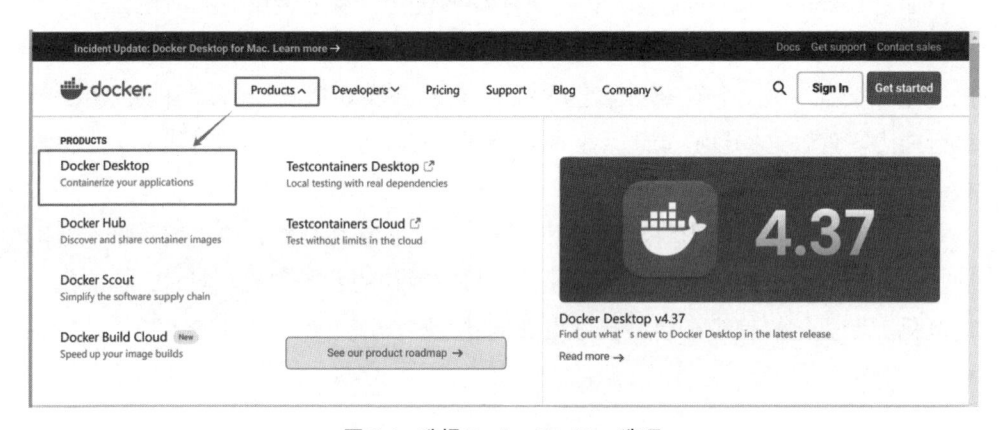

图 2-1　选择 Docker Desktop 选项

» 步骤2：下载Docker安装包并安装

在Docker Desktop的官方网站上选择相应的下载选项后，系统会自动跳转至软件下载页面。该页面清晰展示了可供下载的Docker Desktop版本信息，我们可根据自身操作系统选择适合的版本进行下载（图2-2）。

对于Windows用户，页面会默认显示Windows版本的下载选项。下载按钮通常标注为Download for Windows，单击相应的按钮即可开始下载安装程序

(图2-3)。值得注意的是，Docker Desktop支持多个Windows版本，包括Windows 10 Pro、Enterprise和Education等。

图 2-2　下载软件

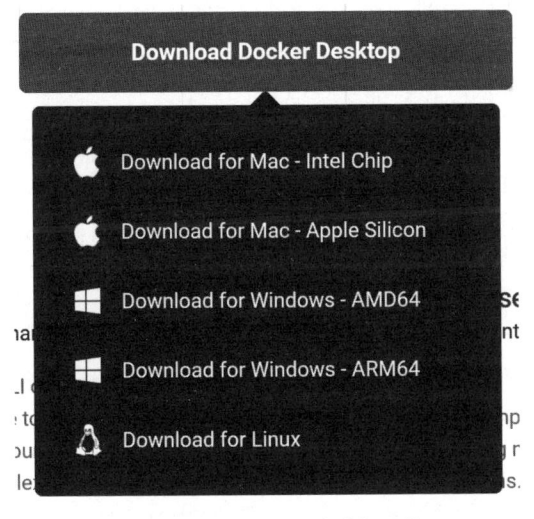

图 2-3　选择适合的版本进行下载

在下载过程中，系统会自动将Docker Desktop安装程序保存至默认下载目录。安装文件的名称为Docker Desktop Installer.exe，文件大小约为几百兆。由于软件包较大，下载时间可能会因网络状况而有所不同（图2-4）。

| Docker Desktop Installer.exe | | 2024-06-15 4:08 | 应用程序 | 487,594 KB |

图2-4 下载完成的软件

为确保下载的安全性和完整性，建议始终从Docker官方网站下载软件。官方下载渠道不仅能保证软件是最新版本，还能避免潜在的安全风险。同时，良好的网络连接将有助于加快下载速度，提升安装体验。

下载完成后，安装文件会保存在系统的默认下载文件夹中，通常是Downloads文件夹。我们可以通过文件资源管理器轻松找到并开始安装过程。在启动安装之前，建议确认计算机已满足安装Docker Desktop的要求，包括处理器虚拟化支持、Windows版本等技术条件，这样能够避免安装过程中出现意外情况。首先，确认下载的安装文件的完整性，检查文件大小是否正常，通常在500MB左右。其次，确保计算机有足够的磁盘空间用于安装，建议预留至少2GB的空间以确保安装顺利进行。

安装文件的图标显示为Docker标志性的鲸鱼图案，这是识别正确安装程序的重要标志。如果在下载文件夹中未能立即找到该文件，可以使用Windows搜索功能，输入Docker Desktop Installer进行查找。

为了确保安装过程顺利，建议在运行安装程序前关闭可能造成冲突的应用程序。同时，确认当前登录的Windows账号具有管理员权限，因为Docker Desktop的安装需要较高的系统权限才能完成必要的配置。

找到安装文件后，下一步就是启动安装过程，双击安装程序打开安装界面（图2-5）。确认安装文件的位置无误后，即可进入Docker Desktop的具体安装环节。这个安装程序将引导用户完成Docker环境的全部配置过程，包括必要的系统设置和初始化配置。

在Docker Desktop安装过程（图2-6）中，单击"OK"按钮后系统会自动开始安装。在安装过程中，无须过多干预，系统会自动完成必要组件的配置和安装。这个过程可能持续几分钟，其间可以看到进度条显示当前安装进度。

安装完成后，系统会显示安装成功的界面（图2-7），同时在桌面上生成Docker Desktop的快捷方式（图2-8）。这个快捷方式使得日后启动Docker变得更加便捷。快捷方式采用了Docker标志性的鲸鱼图案，易于识别。

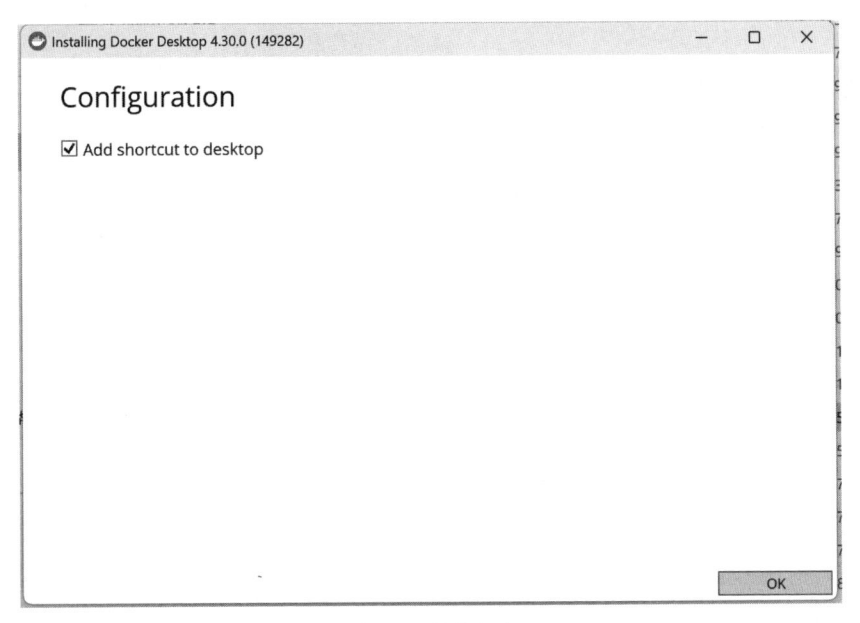

图 2-5　软件启动

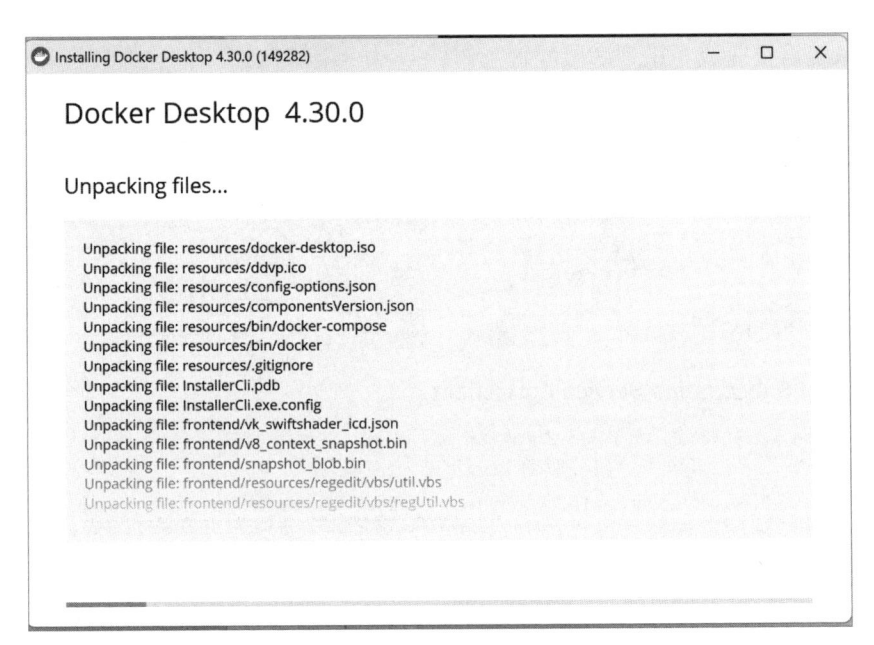

图 2-6　安装过程中

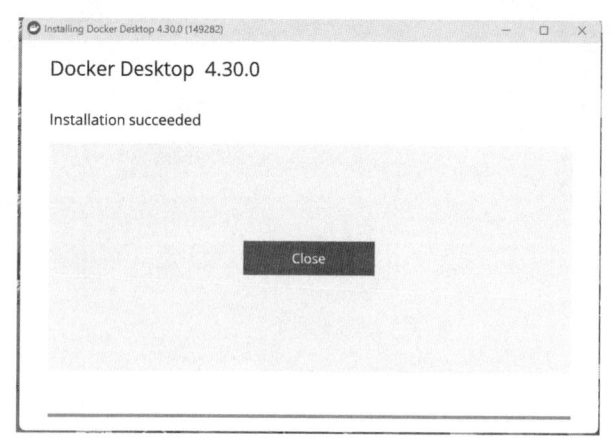

图2-7　安装完成后的界面

图2-8　Docker Desktop 的快捷方式

» 步骤3：启动Docker

启动Docker Desktop只需双击桌面上的快捷方式即可。第一次启动程序（图2-9）时，系统会进行必要的初始化配置。初始化过程包括检查系统环境、配置虚拟化设置等重要步骤。值得注意的是，首次启动可能需要较长时间，这是因为系统需要完成一系列底层配置工作。

图2-9　第一次启动程序

启动Docker Desktop后，在系统托盘会显示运行状态图标，通过该图标用户可以方便查看Docker的运行状态并进行基本操作。在正常运行状态下，托盘图标呈稳定的蓝色，表示Docker服务已经就绪。

为确保Docker Desktop正常运行，建议在首次启动后检查系统状态。用户可以通过Docker Desktop的主界面查看具体的运行信息，包括容器状态、镜像管理等。如果遇到启动问题，通常可以通过查看Docker Desktop的诊断信息来定位和解决问题。

顺利完成这些步骤后，Docker Desktop就已经准备就绪，可以开始进行与容器相关的开发工作了。这个强大的开发工具为后续的容器化应用开发提供了便利的环境支持。

启动Docker Desktop后首先需要接受服务条款，单击"Accept"按钮进入账号验证环节（图2-10）。在账号验证界面中，Docker提供了多种登录方式供用户选择。已注册用户可直接单击Sign in按钮进行登录，系统随即会跳转到Docker官方登录页面（图2-11）。

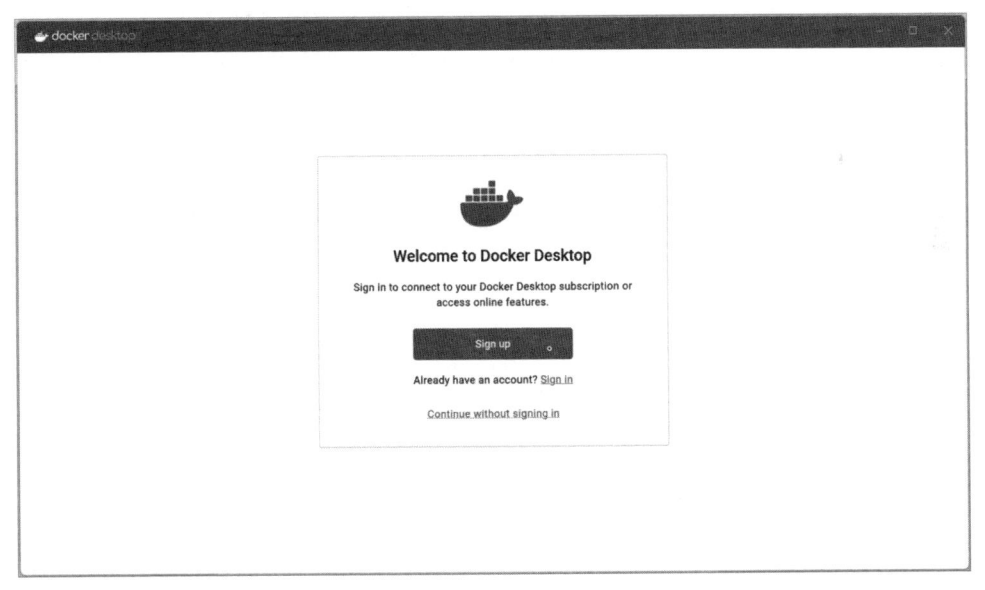

图 2-10　账号验证

为了方便用户使用，Docker平台支持多种第三方账号登录方式。用户可以选择使用谷歌账号或GitHub账号直接登录（图2-11），无须额外注册。这种方式简化了登录流程，特别适合已经使用这些平台的开发者。

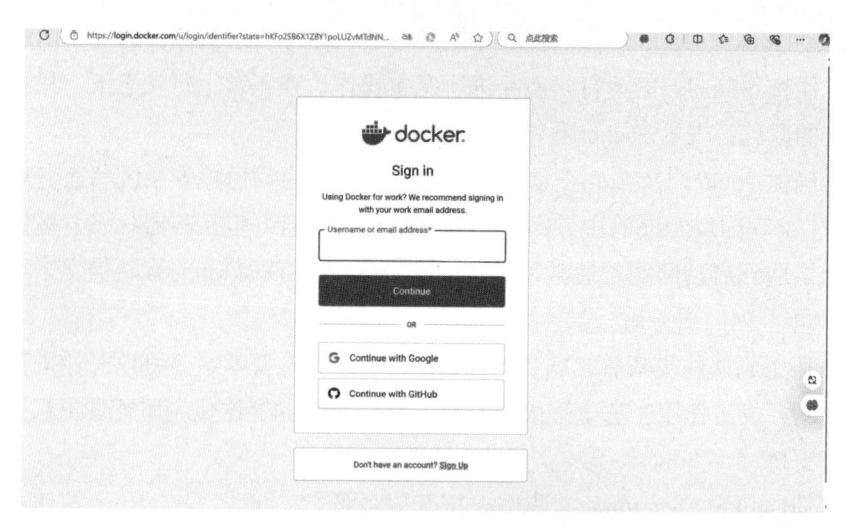

图 2-11　Docker Desktop 官方登录界面

对于暂时不想注册账号的用户，Docker提供了免登录使用选项（图2-12）。单击"Continue without signing in"即可跳过登录步骤。选择免登录使用选项后，系统会询问用户的开发角色，这些角色涵盖了广泛的技术领域，包括适合同时负责前后端开发的全栈开发者、主要针对用户界面开发的前端开发者、专注于服务器端程序开发的后端开发者。而专注于系统稳定性的工程师可以选择网站可靠性工程师角色，平台工程师角色则适合从事底层平台开发的技术人员。

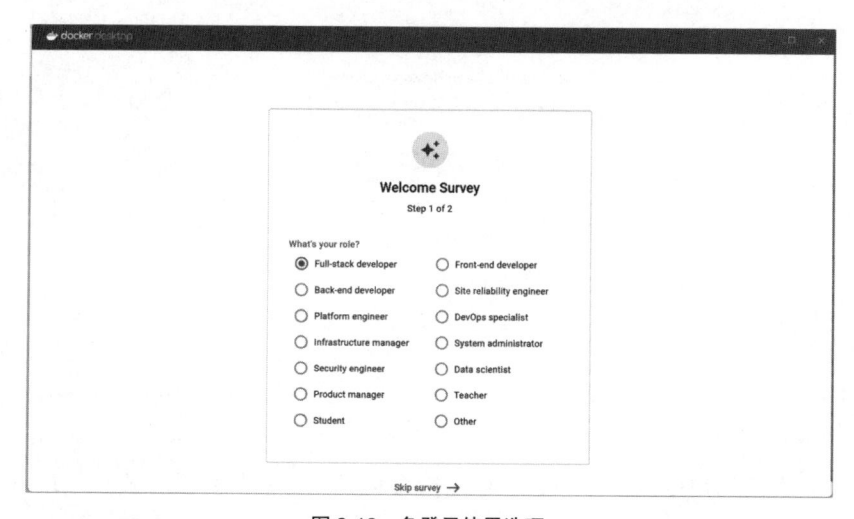

图 2-12　免登录使用选项

DevOps专家（Development Operations，精通开发和运维全流程的技术领导者）主要面向持续集成和部署的专业人员；基础设施经理适合管理企业IT基础设施的人员；系统管理员针对维护系统运行的技术人员；安全工程师特别适合从事系统安全工作的专业人士；数据科学家则适合进行数据分析和建模的研究人员。

此外，还包括产品经理、教师及在校学生等角色。如果以上角色都不适合，还可以选择"其他"选项。

需要注意的是，角色选择并非必选步骤，用户可以直接单击"Skip survey"按钮跳过问卷调查。完成这些步骤后，Docker Desktop将显示使用界面（图2-13），标志着安装和初始化全部完成。至此，Docker环境已经准备就绪，可以开始进行容器化应用的开发和部署工作。

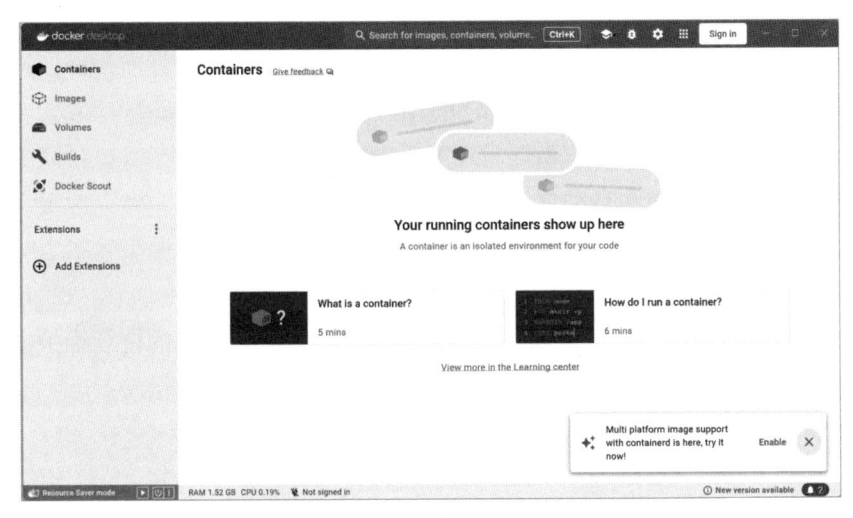

图 2-13　使用界面

Docker环境的成功配置为后续的开发工作奠定了基础。通过这个平台，开发者可以方便地创建、管理和部署容器化应用，极大地提升开发效率和项目部署的便捷性。

Docker Desktop的安装不仅为搭建开发环境提供了便利，而且为后续的容器化开发奠定了基础。图形化界面大大降低了Docker的使用难度，使得容器技术的应用更加平易近人。

Docker和Docker Compose为用户部署应用提供了便捷的容器化解决方案。Docker专注于单个容器的管理，而Docker Compose则擅长协调多个相互关联的容器服务。通过这些工具，用户可以实现应用的快速部署、扩展和迁移，从而大大提高开发和运维的效率。

掌握这些基本命令和概念后，便可开始在实际项目中应用容器技术，为应用提供更加灵活和可靠的运行环境。

2.2 分布式集群部署（K8s Operator开发）

Kubernetes Operator作为云原生生态系统中的关键扩展技术，通过独特的控制循环机制实现应用的自动化管理。从结构上看，在Kubernetes集群中部署Operator后，会持续监听特定的自定义资源变化事件。当用户创建或修改这些资源定义时，Operator的控制器组件会立即捕获这些变化，分析期望状态与当前状态的差异，然后调用Kubernetes API执行必要的调整操作。

这种工作机制可以通过一个实际场景来理解：部署一个数据库集群，传统方式需要分别创建多个配置文件，包括StatefulSet、Service、ConfigMap等，而使用Operator后，只需定义一个数据库自定义资源，声明所需的副本数、存储配置等核心参数，Operator便会自动处理所有底层组件的创建和配置。当资源定义发生变化（如增加副本数）时，Operator会自动调整集群配置，确保实际状态与期望状态保持一致。

这种声明式管理方式不仅简化了操作流程，还实现了状态的持续维护，使系统具备自愈能力，显著提升了应用管理的自动化水平。

核心优势与技术价值

Kubernetes Operator技术的广泛应用源于其多方面的核心优势。

- 功能扩展能力是Operator的首要优势。标准Kubernetes命令如Kubectl get或Kubectl apply虽然能满足基本需求，但在处理复杂应用时显得力不从心。Operator通过自定义资源定义（CRD）和控制器的组合，实现了功能的无缝扩展，使复杂的应用管理逻辑得以实现。例如，PostgreSQL Operator可以自动处理数据库备份、故障转移和版本升级等特定领域操作，这些功能远超标准Kubernetes API的能力范围。

- 自动化运维体现在Operator的持续监控与响应机制上。作为集群中的智能代理，Operator全天候运行，不断监测应用状态，在检测到异常时自动执行修复流程。对分布式系统来说，这种自动化能力尤为重要，可以将原本需要专家手动干预的操作转变为系统自动响应，大幅降低了运维负担和出现人为错误的风险。
- 非侵入式设计使Operator能够在不修改Kubernetes核心代码的情况下扩展系统功能。Operator通过Kubernetes原生的扩展机制工作，使用标准的API进行交互，这确保了与各版本Kubernetes的良好兼容性，同时降低了升级和维护的复杂度。
- 专业知识封装是Operator最具价值的特性之一。Operator将领域专家的经验和实践编码为自动化流程，使复杂应用的管理变得简单易行。这种封装使得即使是不熟悉特定应用内部机制的团队成员，也能通过简单的声明式配置完成复杂的管理任务，有效降低了技术门槛，提高了团队协作效率。

Operator的这些优势共同推动了云原生应用管理的进化，使得开发者能够专注于业务逻辑的创新，而不是将时间浪费在烦琐的运维工作中。通过Operator，复杂应用的部署、管理和扩展变得前所未有的高效和可靠。

功能实现与应用场景

Kubernetes Operator的核心功能通过精心设计的技术组件实现。

- 声明式管理是Operator的基础功能。用户只需描述期望的最终状态，而非详细的执行步骤，Operator会自动规划并执行必要的操作序列。例如，部署高可用Redis集群时，用户只需声明节点数量和拓扑结构，Operator会自动配置主从关系、哨兵节点和持久化设置等细节。这种声明式方法极大地简化了配置复杂度，同时减少了人为错误。
- 状态维持机制可确保系统始终符合期望配置。Operator会周期性地检查实际状态与期望状态的一致性，自动修复偏差。当集群中的Pod异常终止时，Operator不仅会重启容器，还会根据应用特性执行必要的恢复程序，如数据一致性检查、缓存预热等，确保应用正常运行。这种主动修复能力显著提升了系统的可靠性和稳定性。
- 状态应用管理是Operator的特色能力。传统Kubernetes部署工具在处理有状态应用时存在局限，而Operator通过深入了解应用特性，提供了具有针对性的管理方案。以Elasticsearch Operator为例，它能够自动处理节点角色分配、索引分片调整、数据迁移等操作，确保集群在扩缩容过程中的数据安全和服务可用性。

Operator还具备强大的自定义监控和告警能力。通过集成Prometheus和

Grafana等监控工具，Operator可以实时监控应用的关键指标，并在异常情况下触发告警，通知管理员及时采取措施。这种实时监控和快速响应机制，进一步增强了系统的稳定性和可用性。

在安全性方面，Operator通过实施严格的权限控制和访问策略，确保只有授权用户才能对应用进行操作。同时，Operator还支持TLS加密通信，保护数据在传输过程中的安全性。

此外，Operator还提供了丰富的扩展点和插件机制，允许开发者根据实际需求定制和扩展功能。例如，可以开发自定义的验证逻辑、资源清理流程等，以满足特定应用的运维需求。

在应用场景方面，Kubernetes Operator广泛应用于各种复杂应用的自动化管理。无论是数据库集群、消息队列、缓存服务还是有状态的工作负载，Operator都能够提供高效、可靠的管理方案。通过封装领域专家的经验和实践，Operator使得复杂应用的管理变得简单易行，大大降低了运维成本和技术门槛。

总之，Kubernetes Operator作为云原生生态系统中的关键扩展技术，通过声明式管理、状态维护机制、状态应用管理，以及强大的自定义和扩展能力，为复杂应用的自动化管理提供了高效、可靠的解决方案。随着云原生技术的不断发展，Operator将在未来发挥越来越重要的作用。

在应用场景方面，Kubernetes Operator广泛应用于多种复杂系统的自动化管理。

- 数据库管理是最典型的应用场景。MySQL、MongoDB、PostgreSQL等数据库的Operator实现了自动化部署、备份恢复等功能，大幅简化了数据库运维工作。例如，MongoDB Operator可以自动配置副本集、处理成员选举、执行定期备份，同时监控性能指标，在检测到异常时自动调整配置或发出告警。
- 消息中间件也是Operator的重要应用领域。Kafka、RabbitMQ等消息系统的Operator提供了主题创建、分区管理、消费者监控等自动化能力。Kafka Operator甚至能够根据消息吞吐量自动调整分区数量和副本分布，实现真正的智能化资源管理。
- 监控系统同样受益于Operator技术。Prometheus Operator实现了监控目标自动发现、告警规则管理、数据保留策略配置等功能，使监控系统的部署和维护变得简单、高效。

Kubernetes Operator通过自定义资源和控制器扩展Kubernetes功能，简化了应用管理。它自动处理应用状态变化，实现声明式管理和状态维护。Operator在数据库、消息中间件、监控系统等场景中自动化管理复杂的应用，提高运维效率。集成CI/CD工具和云原生技术，Operator支持流量控制和服务治理，提升应用可靠性和性能。作为云原生技术的关键组件，Operator还推动了自动化管理的进程，降低了运维负担，提升了开发和部署效率。

实践价值与未来发展

在实际生产环境中，Kubernetes Operator的价值体现在多个方面。

- 标准化操作流程减少了人为差异和错误。通过Operator定义的标准流程，确保每次操作都遵循最佳实践，避免了手动操作可能带来的不一致性。在大型组织中，这种标准化尤为重要，能够确保不同团队、不同环境下的应用管理保持一致，提高了系统的可预测性和可靠性。
- 资源利用优化通过智能调度提高了效率。现代Operator不仅关注功能实现，还注重资源效率，能够根据实际负载动态调整资源分配。例如，某电商平台的数据库Operator在业务低峰期自动缩减资源占用，在高峰期前预先扩容，既保证了性能，又优化了成本，实现资源利用率的提升。
- 可复用性显著提高了运维效率。一旦开发完成，同一个Operator可以在多个集群、多个环境中部署使用，实现管理方式的一致性和可复制性。这种复用能力尤其适合拥有多套环境（开发、测试、生产）或多个区域部署的组织，可以最大化技术投资回报。

随着云原生技术的发展，Kubernetes Operator未来将向更智能、更自动化的方向演进。

智能决策能力将进一步增强，利用机器学习技术分析历史数据，预测潜在问题并提前采取行动。例如，通过分析数据库查询模式，自动优化索引配置和资源分配，实现性能的持续改进。

生态系统将更加丰富，覆盖更多应用场景。目前，已有数百种开源和商业Operator可用，未来这一数字还将继续增长，使更多复杂应用能够实现自动化管理。

标准化和互操作性将得到加强，不同Operator之间的协作能力将提升，形成更加完整的应用管理网络，为复杂系统提供端到端的自动化解决方案。

Kubernetes Operator技术通过将领域的专业知识与自动化能力深度结合，

正在重塑云原生应用的管理模式。随着技术的持续发展和生态的不断完善，Operator将在云原生时代扮演越来越重要的角色，成为构建现代化应用平台的关键支柱之一。

  Operator的实践应用证明了其在复杂应用管理方面的巨大潜力。许多企业已经开始采用Operator来管理其关键业务应用，并取得了显著成效。例如，某大型互联网公司利用Operator技术实现了其分布式数据库的自动化管理，不仅大幅提高了数据库的可靠性和性能，还显著降低了运维成本。此外，一些开源社区也积极推动了Operator的发展，为更多应用提供了现成的自动化管理方案。

2.3 腾讯云TKE部署

  腾讯云容器服务（Tencent Kubernetes Engine，TKE）作为基于原生Kubernetes的容器管理平台，为企业提供了稳定、安全、高效且灵活可扩展的容器化解决方案。腾讯云容器服务基于原生Kubernetes提供了高度可扩展的容器管理能力，完全兼容Kubernetes API，为微服务架构的应用部署提供了理想的平台环境（图2-14）。

图 2-14 腾讯云 TKE 官网

微服务架构的容器化部署

  在现代应用开发中，将单体应用拆分为多个微服务已成为主流趋势。每个微服务采用独立的Docker镜像进行封装和管理,这种架构设计带来了诸多优势:各个服务模块职责清晰、易于理解和维护;不同的开发团队可以独立负责各自的服务开发;技术选型更加灵活,可根据服务特点选择最适合的编程语言和技术栈。

在TKE中部署微服务架构时,通常采用以下策略。

- 服务拆分与组织:将完整的Web应用按照业务边界拆分为外部服务组和多个内部服务组。外部服务组负责处理用户请求和前端交互,内部服务组则承担具体的业务逻辑处理。这种分层设计既保证了系统的安全性,又提高了服务的可维护性。

- 服务发现与通信:TKE提供了完善的服务发现机制。在同一集群内,相同的Namespace服务可以直接通过服务名进行访问,不同的Namespace服务则需要使用的完整域名格式\<service-name>\<namespace-name>svc.cluster.local。对于需要对外暴露的服务,可以通过负载均衡器分配公网IP,或使用Ingress资源配置灵活的转发规则。

- 版本管理与环境一致性:通过Kubernetes的Deployment和StatefulSet等工作负载类型,结合配置管理(ConfigMap)和密钥管理(Secret),确保不同环境下服务配置的一致性和版本的可控性。

持续集成与交付流程的容器化实现

TKE为DevOps实践提供了完善的支撑环境,能够无缝对接各类CI/CD工具链。在容器化的持续集成流程中,当开发人员提交代码后,自动化系统会触发以下流程。

- 自动化构建与测试:提交代码触发构建管道,系统自动拉取最新代码,执行编译构建,生成Docker镜像。在构建过程中,会运行单元测试和集成测试,以确保代码质量。构建成功的镜像会被推送到腾讯容器镜像服务(Tencent Container Registry,TCR)的私有仓库中,实现镜像的统一管理。

- 分阶段部署策略:采用多环境部署策略,首先将代码部署到开发环境进行功能验证,通过后自动或手动触发,将其部署到测试环境,最终经过严格测试后部署到生产环境。每个环境使用独立的Namespace进行隔离,确保环境之间互不干扰。

- 滚动更新与回滚机制:利用Kubernetes的滚动更新特性,在部署新版本的过程中会逐步替换旧版本的Pod,确保服务不中断。如果新版本出现问题,可以快速回滚到之前的稳定版本。

资源利用效率的智能优化

在腾讯云TKE中，资源利用的优化是提升应用性能和降低成本的关键。TKE提供了多种工具和策略，帮助用户实现资源的智能调度和高效利用。

容器技术的一大优势在于资源的高效利用，TKE提供了多层次的弹性伸缩能力。

- 自动扩缩容机制：通过配置Horizontal Pod Autoscaler（HPA），系统可以根据CPU使用率、内存占用、自定义指标等动态调整Pod的数量。当业务负载增加时，自动增加Pod副本数；当负载降低时，自动缩减副本数，实现资源的按需分配。
- 集群级别的弹性伸缩：除了Pod级别的扩缩容，TKE还支持集群节点的自动伸缩。通过配置节点池的弹性伸缩策略，当集群资源不足时自动添加新节点，资源空闲时自动移除多余节点，有效控制成本。
- 资源配额与限制：为每个容器设置合理的资源请求（Requests）和限制（Limits），既保证关键服务获得足够的资源，又防止单个服务占用过多的资源影响其他服务。通过Resource Quota对Namespace设置资源配额，实现多租户环境下的资源隔离。

安全性与可靠性的全方位保障

在容器化部署中，安全性和可靠性是重中之重。TKE提供了多层次的安全防护措施。

- 网络安全隔离：容器服务运行在腾讯云私有网络（VPC）中，支持自定义安全组规则控制入站和出站流量。通过NetworkPolicy可以实现Pod级别的网络隔离，精确控制服务间的访问权限。对于需要访问公网的容器，可以通过NAT网关进行统一管理，增强安全性。
- 数据存储与备份：对于状态服务，TKE支持多种存储类型，包括云硬盘、文件存储、对象存储等。通过Persistent Volume和Persistent Volume Claim机制，实现数据与容器生命周期的解耦，并能实现关键数据定期备份，以确保数据安全。
- 跨可用区架构设计：采用跨可用区部署策略，将节点分布在不同的可用区，通过反亲和性规则确保同一服务的多个副本分散部署，将结合健康检查机制，当容器出现异常时自动重启或重新调度，保证服务的持续可用。

监控运维的智能化提升

完善的监控体系是保障系统稳定运行的关键。TKE集成了全面的监控和告警功能。

- 多维度监控指标：系统提供集群、节点、Pod、容器等多个层级的监控数据，包括CPU、内存、网络、磁盘等资源的使用情况。通过这些指标可以全面了解系统运行状态，及时发现潜在的问题。
- 智能告警机制：根据业务特点配置告警规则，当指标超过阈值时及时通知相关人员。告警支持多种通知方式，包括短信、邮件、企业微信等，确保问题能够得到及时响应。
- 日志管理与分析：通过配置日志采集规则，将容器日志统一收集到日志服务并进行存储和分析。结合日志检索和分析功能，快速定位问题的根源，提高故障排查效率。
- 自动化运维能力：利用Kubernetes的自愈能力，配合合理的健康检查策略，大部分常见故障可以自动恢复，大大减少人工干预的工作量。定期生成资源使用报告，帮助优化资源配置，降低运营成本。

通过充分利用腾讯云容器服务的这些特性和实践，企业能够构建一个高效、安全、可靠的容器化应用平台，在提升开发和运维效率的同时，确保业务的稳定运行和持续创新。容器化不仅是技术升级，更是企业数字化转型的重要推动力。

容器技术正在重塑企业IT基础设施的构建方式，成为推动数字化创新的关键引擎。腾讯云容器服务通过提供标准化的Kubernetes平台，让企业能够以更低的技术门槛实现应用的现代化改造。这种转型不仅仅是将应用装进容器，更是对传统软件开发和运维模式的根本性变革。

在实际落地过程中，企业通过采用微服务设计理念，将复杂的系统解构为可独立演进的服务单元，每个单元都能根据业务需求灵活调整和优化。这种解耦的架构模式，配合容器的轻量级特性和编排系统的智能调度，使得企业IT系统具备了前所未有的弹性和韧性。同时，基于声明式配置的运维方式，让基础设施管理变得如同自然语言一样简单直观，极大地降低了运维的复杂度。

更为重要的是，容器化为企业建立了一个标准化的技术底座，打破了传统环境差异带来的部署难题，实现了真正的"一次构建，多处运行"的目标。这种标准化不仅提升了研发效率，还为企业构建混合云和多云战略提供了技术保障，避免了被厂商锁定的风险。展望未来，随着云原生生态的持续完善，容器化将成为企业数字基础设施的标配，为企业在激烈的市场竞争中赢得技术优势和业务灵活性提供强有力的支撑。

2.4 阿里云ACK弹性扩缩容方案

阿里云容器服务Kubernetes（Alibaba Cloud Container Service for Kubernetes，ACK）作为企业级容器管理平台，为组织提供了完整的云原生应用生命周期管理能力（图2-15）。该平台深度整合了阿里云在虚拟化、存储、网络和安全等方面的技术优势，帮助企业构建高效、稳定的容器化应用环境。

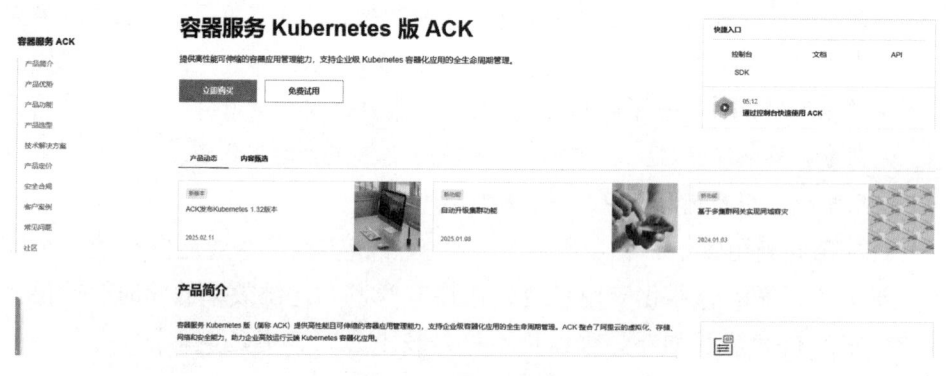

图 2-15 阿里云 ACK 官网

ACK Anywhere的弹性扩缩容能力主要体现在其秒级伸缩技术上。该技术允许企业在检测到本地计算资源即将饱和时，迅速从云端调用额外的算力。其技术架构采用了预热节点池和智能调度算法，确保扩容过程高效完成。当负载高峰过后，系统会自动释放云端资源，避免不必要的成本支出。

技术架构的演进与创新

对于具有明显周期性特征的业务场景，如电商促销、月度结算等，ACK Anywhere提供了预设扩容策略功能。企业可根据历史数据和业务预测，提前设定资源扩展规则后，系统会按照预设时间点自动完成扩容准备，确保业务高峰期的稳定运行。这种预见性的弹性策略大幅降低了运维人员的手动干预工作量。

ACK的系统架构设计充分考虑了企业级应用的高可用性需求。管控面采用多实例部署策略，包含至少两个Kube-apiserver实例和三个Etcd实例，分布在不同的可用区，实现了可用区级别的容灾能力。这种架构设计确保即使某个可用区出现故障，集群的控制面仍能正常运行，从而保障业务的连续性。

在技术演进方面，ACK已经支持最新的Kubernetes 1.32版本，并能持续跟进社区的最新发展动态。平台提供的自动升级功能，使得集群版本更新变得简单、安全，减轻了运维人员的工作负担。同时，基于多集群网关的同城容灾方案为关键业务提供了更高级别的安全性保障。

多样化的产品形态满足不同场景的需求

面对突发业务流量，传统IT架构往往难以及时响应。ACK Anywhere引入了流量感知与智能预警机制，通过分析实时流量趋势和系统负载状态，提前识别可能的流量高峰，触发弹性扩容流程。这一主动防御机制使得系统能够在业务压力真正到来前完成资源准备工作，从而有效避免因资源不足导致的服务中断或性能下降。

ACK Serverless无服务器容器服务为追求极致弹性的场景提供了理想选择。基于弹性计算架构，用户无须关注底层集群的管理和维护，只需按照实际使用的CPU和内存资源付费。这种模式特别适合具有突发性负载的应用，如AI模型推理、批处理作业、CI/CD流水线等场景。

ACK Edge边缘容器服务针对边缘计算场景进行了专门优化。该服务提供云、边、端一体化的容器管理能力，在保持与标准ACK兼容的同时，增强了边缘节点的自治能力。低延迟的本地数据处理、灵活的部署方式，以及断网情况下的持续运行能力，使其成为IoT、CDN、实时音视频等边缘场景的理想选择。

云原生AI套件通过可组装、可扩展的架构设计，为AI工作负载提供了全栈优化方案。进而实现了统一管理CPU、GPU、NPU等异构算力资源，提高大规模并行计算的调度效率，加速数据访问和模型训练过程的总体布局。该套件已经在大语言模型训练、图像生成等前沿AI应用中得到广泛验证。

ACK One分布式云容器平台解决了企业在混合云、多云环境下的统一管理难题。支持任何基础设施上的Kubernetes集群，提供统一的运维管理界面。对于需要进行大规模工作流编排的场景，提供了托管的Argo工作流集群，满足批处理、数据处理、科学计算等复杂的业务需求。

性能优化与规模化能力

ACK Anywhere的弹性扩缩容方案建立在统一管理平台之上。无论是本地部署的Kubernetes集群还是云端扩展资源，均通过统一管理界面进行监控和控制。这种一致性显著简化了跨环境的资源调度和应用部署流程。运维人员无须切换工具或学习不同的操作方式，极大地提升了管理效率。

ACK在大规模集群管理方面取得了突破性进展。单集群节点规模已提升至10000个，解决了超大规模集群面临的API Server响应延迟、调度性能下降、Service绑定缓慢等技术挑战。这一能力使得企业能够在单一集群中运行更多的工作负载，从而降低管理复杂度。

网络性能的优化同样令人瞩目。高性能容器网络Terway将网络延迟降低了30%，对于微服务架构、实时游戏、高性能计算等对网络要求高的应用场景具有重要意义。通过优化网络栈和使用硬件加速技术，容器间的通信效率得到显著提升。

智能化运维，提升管理效率

智能化运维是ACK的一大特色。平台内置了超过100项诊断检查项，覆盖集群配置、网络连通性、资源使用、安全合规等多个维度。自动化巡检和诊断功能能够主动发现潜在问题，并提供修复建议，大幅降低运维门槛。

弹性扩缩容除了提升性能外，在成本控制方面同样表现出色。通过精准的资源分配和回收机制，企业只需为实际使用的云资源付费。系统内置的智能成本分析工具能够帮助管理者了解资源使用效率和成本分布，为进一步的资源优化提供数据支持。

强大的调度能力使得不同类型的工作负载能够在同一集群中高效运行。针对在线服务、批处理任务、AI训练等不同特征的负载，调度器能够智能地分配资源，既保证了服务质量，又提高了资源利用率。

企业级安全与合规保障

安全性是企业选择容器平台的关键考量因素。ACK提供了全方位的安全防护体系。

- 基础设施安全层面：集群控制面默认进行了安全加固，提供符合等保规范的基础镜像，最小化系统组件的默认权限，以及对所有管控侧的用户数据都进行了加密存储，传输过程采用全链路TLS加密，保证了安全性和合规性。
- 供应链安全方面：平台集成了完整的DevSecOps工具链，从镜像构建、安全扫描到部署的每个环节都有相应的安全检查。通过与云安全中心的深度集成与镜像服务，能够自动识别和阻断存在安全风险的镜像。
- 运行时安全防护：内置的安全策略引擎提供了细粒度的访问控制能力。支持安全沙箱和机密计算，为处理敏感数据的应用提供额外的隔离和保护。实时的威胁检测和响应机制，能够及时发现并处理容器逃逸、异常网络访问等安全事件。

成本优化与资源管理

ACK提供了灵活的计费模式，以满足不同的使用需求。Pro版集群虽然会收取管理费，但提供了SLA保障和企业级支持，适合对稳定性要求较高的生产环境。资源包的预付费模式为长期用户提供了更优惠的价格，而按量付费则适合短期或测试性质的使用。

通过与阿里云ECI（弹性容器实例）结合，企业可以实现真正的按需使用。在业务高峰期自动扩展容器，在低谷期自动释放，避免了资源的闲置和浪费。结合Spot实例和预留实例的混合使用策略，能够在保证服务质量的同时，将成本降低50%以上。

多家知名企业已经通过ACK实现了业务的云原生转型。月之暗面公司利用ACK进行大模型数据预处理，不仅提升了系统稳定性，还通过弹性伸缩能力显著降低了成本；小鹏汽车基于ACK构建了全链路监控系统，有效保障了业务的稳定性；莉莉丝游戏通过容器化改造，将资源利用率提高，游戏服务发布时间从小时级缩短到分钟级。

这些成功案例展示了ACK在不同行业和场景下的适用性。无论是处理海量数据的AI应用，还是需要快速迭代的互联网服务，抑或是对稳定性要求极高的金融交易系统，ACK都能提供相应的解决方案。

技术生态与持续创新

ACK拥有活跃的技术社区和完善的学习资源。通过技术博客、在线课程、开发者论坛等渠道，用户可以获取最新的技术动态和实践经验。定期举办的技术沙龙和Meetup活动，为开发者提供了面对面交流的机会。

平台持续引入前沿技术，如使用TensorRT-LLM加速大语言模型推理、使用Stable Diffusion优化图像生成等，帮助企业在AI时代保持技术领先。通过与开源社区的紧密合作，ACK将最新的云原生技术快速转化为可用的产品功能。

容器技术正在成为企业数字化转型的基础设施。阿里云ACK通过提供稳定、安全、高效的容器管理平台，帮助企业构建现代化的应用架构，加速业务创新的步伐。随着云原生技术的不断发展，ACK将继续Evolve，为企业提供更加智能、易用的容器服务。

阿里云ACK作为企业级云原生平台，展现了容器技术在推动企业数字化转型中的核心价值。通过提供从Serverless到边缘计算，从AI工作负载到混合云管理的全方位解决方案，ACK构建了一个技术领先、安全可靠的容器化应用生态系统。

第 3 章 云平台对接指南

3.1 实战案例：腾讯云MCP服务接入流程

构建高效的MCP开发环境是成功实现与大语言模型交互的第一步。接下来将详细介绍MCP开发环境搭建过程，包括工具链选择、依赖管理与环境配置，确保开发者能够快速启动并专注于核心业务逻辑。

» 步骤1：接入准备工作

接入腾讯云容器服务（Tencent Kubernetes Engine，TKE）的多云平台，MCP需要进行充分的准备工作，以确保顺利完成集群对接。首先，需要确认待接入集群的Kubernetes版本的兼容性。目前，TKE支持接入1.16至1.24版本的Kubernetes集群。其次，需要检查网络环境，确保源集群能够访问腾讯云API网关和容器服务接入点，若存在网络限制，可考虑配置代理服务器。

在权限方面，执行接入操作的账号必须具备TKE的集群创建权限，同时在被接入集群上需要Cluster-admin或同等管理权限（图3-1和图3-2），以便安装必要的组件和代理程序。此外，建议提前准备独立的服务账号（Service Account），专门用于集群接入，并遵循最小权限原则。

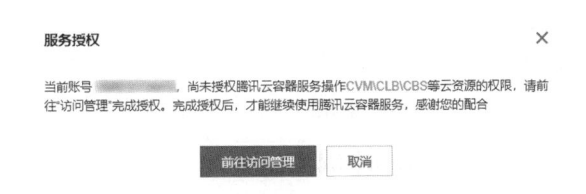

图 3-1 查看服务授权中的信息，并单击"前往访问管理"按钮

图 3-2 在"服务授权"界面，仔细阅读角色相关信息

» 步骤2：接入流程详解

腾讯云MCP接入流程可分为四个主要阶段：控制台配置、代理部署、集群注册和验证确认。

① 控制台配置阶段：登录腾讯云控制台，进入容器服务TKE板块，选择"集群管理"，单击"添加集群"按钮，并选择"导入已有集群"选项。在表单中需要填写集群基本信息，包括集群名称、集群地域、集群版本等。此处需要特别注意地域选择，建议选择与被接入集群物理位置较近的腾讯云地域，以减少网络延迟。完成基本信息的填写后，系统会生成唯一的集群接入凭证，包含Access Key、Secret Key及集群标识符，这些信息需妥善保存，用于后续代理部署。

② 代理部署阶段：腾讯云提供两种部署方式，即自动部署和手动部署。自动部署适用于可直接从控制台访问的集群，系统会自动生成并执行安装命令。手动部署则需要下载接入工具包，并在目标集群的管理节点上执行。接入工具包主要包含以下组件。

- tke-mcp-agent：核心代理组件，负责与腾讯云控制平面建立安全通信通道。
- tke-cluster-credential-manager：凭证管理组件，处理认证和授权。
- tke-registry-adapter：镜像仓库适配器，实现与腾讯云容器镜像服务的集成。
- tke-network-proxy：网络代理组件，处理跨云网络通信。

代理部署会在目标集群创建专用命名空间（Namespace）Kube-tke-mcp，所有组件都运行在该命名空间下。部署脚本会自动检查前置条件，并根据集群环境进行必要的配置调整。

③ 集群注册阶段：代理组件成功部署后，会自动向腾讯云控制平面发起注册请求。注册过程包括身份验证、集群信息采集和双向连接建立。身份验证基于之前生成的接入凭证，确保只有授权集群才能接入平台；集群信息采集会收集节点数量、资源使用情况、已部署应用等基础信息，帮助TKE控制平面了解集群状态；双向连接建立后，TKE可以向被接入集群下发管理指令，同时接收集群上报的状态信息。

④ 验证确认阶段：注册完成后，需要进行一系列验证以确认接入的有效性和功能的完整性。在TKE控制台，可观察到新接入集群的状态显示为"运行中"，并可查看节点列表和基本监控指标。建议严格执行基础操作测试，如创建简单的工作负载、访问Pod日志、执行容器命令等，以确保管理功能正常。同时，检查事件同步是否正常，集群发生的重要事件也需要在TKE控制台上及时显示。

⑤ 高级配置选项：对于有特殊需求的用户，腾讯云MCP还提供了丰富的高级配置选项。这些选项允许用户根据业务需求进行精细化调整，进一步提升集群的性能和管理效率。

针对不同的业务需求和网络环境，腾讯云MCP提供了多种高级配置选项。

- 网络通信加密：默认情况下，TKE与被接入集群之间的通信采用TLS 1.2加密。企业可以选择使用自签名证书或导入已有的CA证书，增强通信的安全性。
- 代理资源限制：针对资源受限的环境，可通过修改代理组件的资源请求（Requests）和限制（Limits）来优化资源使用。默认配置适用于大多数场景，但对于大规模集群或资源紧张的环境，可能需要适当调整。
- 同步范围控制：可通过标签选择器（Label Selector）限定需要同步到TKE的资源范围。例如，只同步带有特定标签的命名空间或工作负载，减少不必要的数据传输。
- 多集群网络互通：通过配置集群间虚拟专网（Virtual Private Network，VPN）或专线连接，实现跨云环境的Pod网络互通，支持跨集群服务发现和负载均衡。

常见问题与故障排除

在接入腾讯云MCP服务的过程中，开发者可能会遇到一些问题，下面将提供一些实用的故障排除指南，帮助开发者快速定位并解决问题。

- 代理连接失败：首先检查网络连通性，确认目标集群能够访问腾讯云API端点。使用Curl或Telnet工具测试连接即可。如果存在防火墙限制，需要开放必要的出站端口。检查接入凭证是否正确输入，凭证错误会导致认证失败。
- 资源同步不完整：检查代理组件日志，查找同步错误信息。常见原因包括权限不足、资源格式不兼容或API版本差异。可尝试重启代理Pod或增加代理组件的资源配额。
- 控制指令执行失败：验证TKE控制平面发出的指令是否正确到达集群。检查代理日志中的命令处理记录，以及集群Apiserver的审计日志。可能的原因包括代理权限问题、集群内RBAC配置冲突或资源冲突。
- 监控数据异常：检查监控组件是否正常运行，数据采集间隔是否合理。对于大规模集群，可能需要调整数据采集频率或增加监控组件资源配额。

腾讯云ACK作为企业级Kubernetes平台，通过技术创新实现了显著突破：支持万级节点的超大规模集群管理、网络延迟降低30%、提供100多项智能诊断功能。平台涵盖Serverless、边缘计算、AI工作负载、混合云管理等全场景解决方案，帮助企业提升资源利用率、提升部署效率、降低运维成本。

凭借完善的安全合规体系、灵活的成本优化策略，以及持续的技术演进，ACK已成为众多企业云原生转型的首选平台，为企业在数字经济时代构建敏捷、高效的AI基础设施提供了坚实支撑。

3.2 阿里云MCP ACK深度解析

阿里云容器服务Kubernetes（Aliyun Container Service for Kubernetes，ACK）作为企业级容器管理平台，通过云原生架构设计，为用户提供了全面的容器化应用解决方案（图3-3）。其核心架构将控制平面与数据平面分离，既保证了系统的高可用性，又实现了灵活的扩展能力。

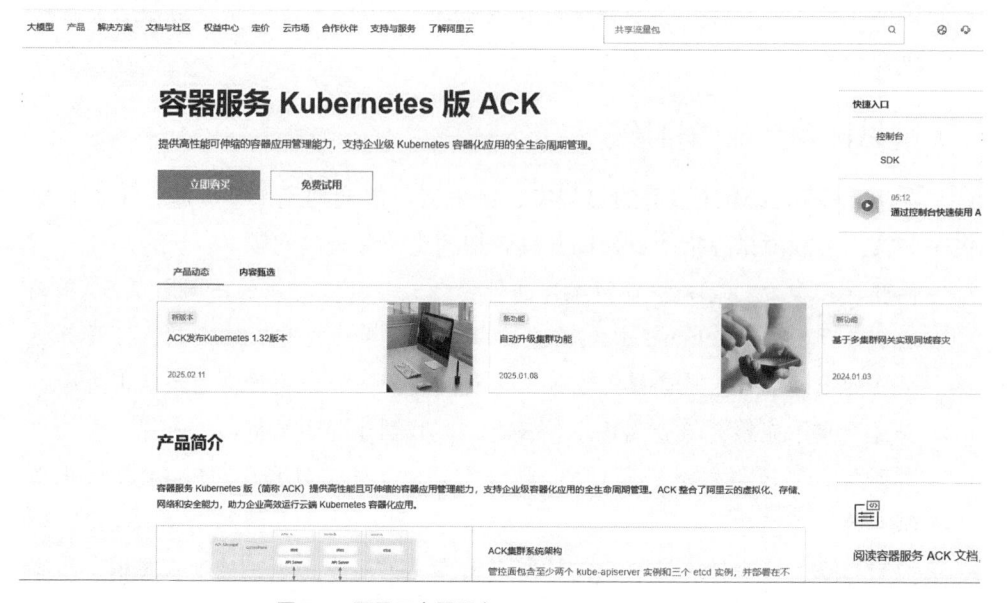

图3-3 阿里云容器服务 Kubernetes 版（ACK）

在架构设计上，ACK的控制平面由阿里云完全托管，用户无须担心Master节点的运维工作。这种设计让用户能够将更多精力投入业务应用的开发和优化中。数据平面则提供了丰富的节点选择，包括ECS实例、神龙裸金属服务器等多种计算资源，能够满足从普通Web应用到高性能计算等各种场景的需求。

ACK的产品形态（图3-4）呈现出多样化特征，以适应不同企业的使用需求。托管集群作为最主流的选择，由阿里云负责控制平面的管理和维护，用户仅需管理Worker节点。这种模式显著降低了Kubernetes的使用门槛，使得即使是容器技术新手也能快速上手。而专有集群则面向对安全性和自主可控有特殊要求的用户，提供了对整个集群完全掌控的能力。

无服务器化是容器技术发展的重要趋势，ACK Serverless集群完美诠释了这一理念。在该模式下，用户无须预先配置任何节点资源，应用的Pod直接运行在阿里云的弹性容器实例上。这种按需使用、按量计费的方式，特别适合具有明显负载波动的应用场景，能够在保证服务质量的同时大幅降低使用成本。

边缘计算场景正变得越来越重要，ACK Edge集群提供了完善的云边一体化解决方案。该方案支持将分散在各地的边缘节点纳入统一的Kubernetes集群管理体系，实现应用的集中部署和统一运维。边缘节点可以部署在企业的数据中心、零售门店或其他边缘位置，通过加密的网络隧道与云端控制平面保持通信。即使在网络中断的极端情况下，边缘节点上的应用依然能够自主运行，保证业务的连续性。

人工智能和机器学习的兴起对容器平台提出了新的要求。ACK的云原生AI套件针对这一需求进行了深度优化，特别是在图形处理器（Graphic Processing Unit，GPU）资源的调度和管理方面。该套件支持GPU共享技术，允许多个任务共享同一块GPU，提高了昂贵硬件资源的利用率。弹性调度功能则能根据训练任务的实际需求动态分配GPU资源。结合阿里云机器学习平台（Platform For AI，PAI），用户可以在Kubernetes上构建端到端的AI工作流，涵盖数据预处理、模型训练、模型服务等完整流程。

ACK灵骏集群是专为智能计算场景设计的高性能集群类型。基于阿里云灵骏智算服务，该集群针对大规模AI训练任务进行了专门优化，特别适合运行大语言模型训练、科学计算模拟等需要超大规模算力的工作负载。其优化的网络拓扑和存储架构能够充分发挥硬件性能，加速模型训练过程。

在多集群管理领域，分布式云容器平台ACK One展现了强大的统一管控能力。通过ACK One，企业可以将分布在不同地域、不同云环境的多个Kubernetes集群纳入统一管理。这不仅简化了运维工作，还支持应用的跨集群部署、智能流量分发和灾备切换，为构建好用、易用的分布式系统提供了坚实基础。

产品简介

容器服务 Kubernetes 版（简称 ACK）提供高性能且可伸缩的容器应用管理能力，支持企业级容器化应用的全生命周期管理。ACK 整合了阿里云的虚拟化、存储、网络和安全能力，助力企业高效运行云端 Kubernetes 容器化应用。

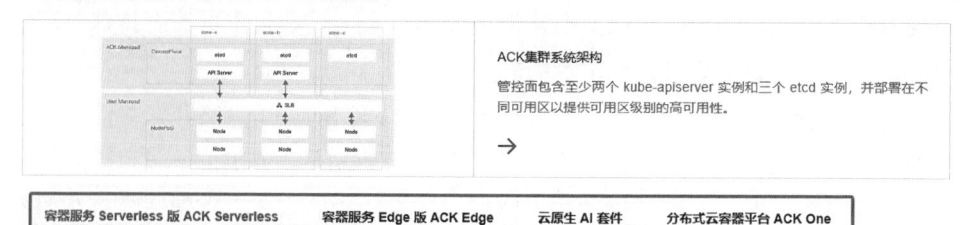

ACK集群系统架构

管控面包含至少两个 kube-apiserver 实例和三个 etcd 实例，并部署在不同可用区以提供可用区级别的高可用性。

容器服务 Serverless 版 ACK Serverless   **容器服务 Edge 版 ACK Edge**   **云原生 AI 套件**   **分布式云容器平台 ACK One**

基于弹性计算架构推出的无服务器 Kubernetes 容器服务，让您无须管理和维护集群，并且根据应用实际使用的 CPU 和内存资源量进行按需付费。支持突发扩容、AI/大数据、CI/CD、免运维应用托管等业务场景查看详情

图 3-4 产品简介

使用ACK的完整流程从账号授权开始。授权是确保服务正常运行的前提，涉及随机存取存储器（Random Access Memory，RAM）和基于角色的访问控制（Role-Based Access Control，RBAC）两个层面。RAM授权管理云资源的访问权限，以确保ACK能够创建云服务器（Elastic Compute Service，ECS）、ECS实例、配置网络等；RBAC授权则控制集群内部资源的操作权限，实现细粒度的权限管理。这种双层授权机制既保证了系统安全，又提供了灵活的权限配置能力。

ACK与阿里云多个产品（图3-5）形成了完整的云原生生态。阿里云容器镜像服务ACR提供云原生资产的安全托管和全生命周期管理，实现了与ACK无缝集成。阿里云服务网格是一个托管式的微服务应用流量统一管理平台，兼容Istio，支持多个Kubernetes集群统一流量管理。

ACK Serverless提供无服务器Kubernetes容器服务，用户无须管理和维护集群，即可快速创建Kubernetes容器应用。ACK Edge基于标准Kubernetes运行环境，提供云、边、端三位一体的容器应用交付、运维和管控能力。

ACK One是面向混合云、多集群、分布式计算、容灾等场景的企业级云原生平台，可以连接并管理任何地域、任何基础设施上的Kubernetes集群。云原生AI套件通过对数据计算类任务的编排管理，以及对各种异构计算资源的容器化统一调度和运维，显著提高异构计算集群的资源使用效率和AI工程交付速度。

产品架构

容器服务 Kubernetes 版产品线的整体架构如下图所示。

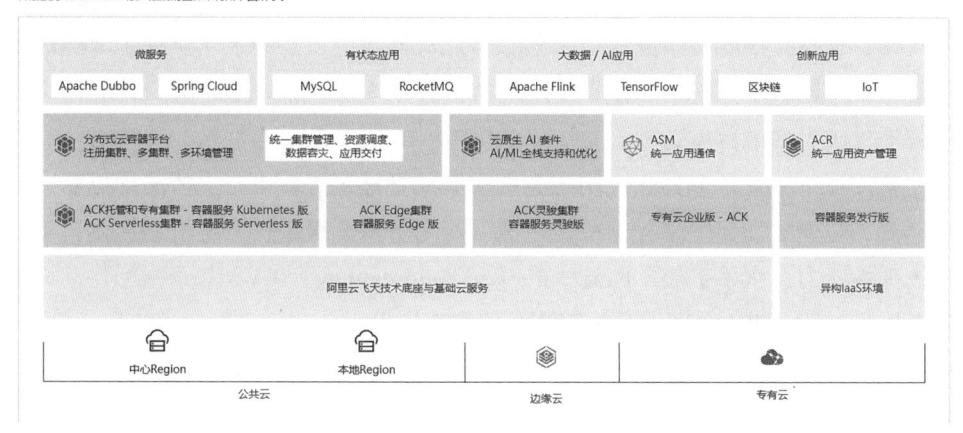

图 3-5 产品结构

集群创建是构建容器化平台的关键步骤。创建过程需要综合考虑多个因素（图3-6）：地域选择影响访问速度和数据规范；可用区配置关系到架构是否良性；网络规划决定了集群的隔离性和安全性；节点配置则直接影响应用的运行性能。ACK提供了向导式的创建流程，通过合理的默认配置和清晰的说明，帮助用户快速完成集群搭建。

产品优势

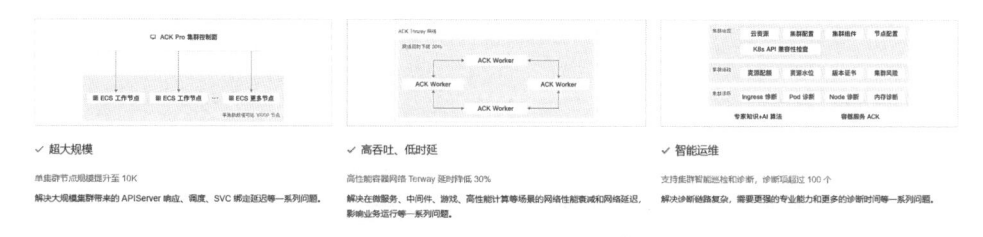

图 3-6 创建过程中的多个步骤

简便的应用部署体现了ACK的易用性。对于简单应用，通过镜像直接创建Deployment即可完成部署。复杂的微服务架构则推荐使用另一种标记语言（Yet Another Markup Language，YAML）编排文件，能够一次性定义多个服务及其依赖关系。ACK支持多种工作负载类型：Deployment管理无状态应用、StatefulSet处理有状态服务、Job执行批处理任务、DaemonSet确保每个节点运行特定的Pod。这种丰富的资源类型满足了各种应用场景的需求。

集群运维是保障系统稳定运行的持续性工作。集群升级策略支持控制平面和节点池的独立升级，将对业务的影响降低至最小。节点管理功能允许动态调整集群规模，包括扩缩容、节点添加和移除节点等操作。节点池技术实现了节点的分组管理，不同的节点池可以配置不同的实例类型、操作系统版本等，为异构工作负载提供了灵活的部署选项。

应用运维涵盖了容器化应用的全生命周期管理。更新策略支持滚动更新、蓝绿部署、金丝雀发布等多种方式，以确保应用平滑升级。扩缩容机制提供了多层次的弹性能力：水平扩展（Horizontal Pod Autoscaling，HPA）基于指标自动调整Pod数量；Cron HPA实现定时扩缩容；虚拟个人助理（Virtual Personal Assistant，VPA）优化Pod的资源配置；事件驱动弹性响应外部触发的请求。这些机制共同构成了完善的弹性体系，让应用能够自适应负载变化。

可观测性是运维的基础。ACK集成了全方位的监控体系：基础设施监控能够覆盖集群、节点、Pod等各层面；应用监控提供性能分析和调用链追踪；日志管理支持集中收集和智能分析；事件监控记录系统的各种变更轨迹。这些监控数据通过统一的界面展示，帮助运维人员快速定位和解决问题。

安全性贯穿ACK的各个层面（图3-7）。网络安全通过VPC隔离和安全组规则来实现；访问控制结合RAM和RBAC提供细粒度的权限管理；运行数据安全集成阿里云安全中心，实时检测威胁；镜像安全支持签名验证和漏洞扫描。这些多层次的安全体系确保了容器环境的安全可靠。

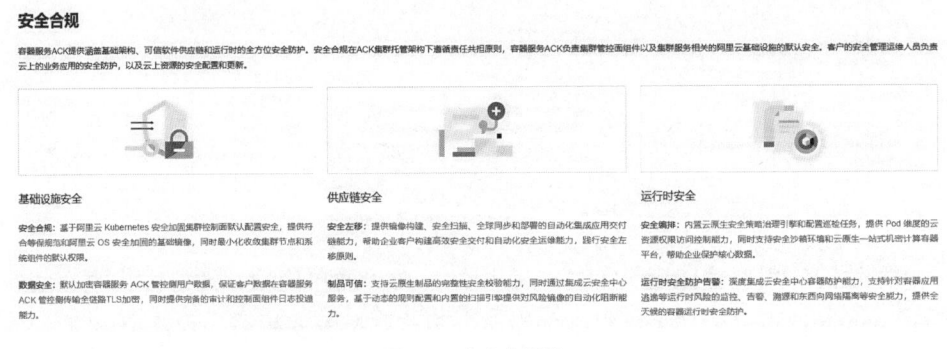

图3-7 安全合规性

存储系统的设计充分考虑了不同应用的需求。通过相机串行接口（Camera Serial Interface，CSI），ACK支持云盘、网络附属存储（Network Attached Storage，NAS）、移动通信网络的核心管理平台（Object Storage Service，OSS）

等多种存储方式，结合动态存储配置，简化了持久卷的管理，跨可用区复制则保证了数据的高效利益率。对于需要高性能存储的场景，本地固态硬盘（Solid State Disk，SSD）则提供了极致的I/O性能。

网络能力是ACK的核心优势之一。Terway网络插件让Pod能够直接使用VPC的弹性网卡，从而获得原生的网络性能。Service负载均衡自动集成阿里云服务器负载均衡（Server Load Balancer，SLB）功能，支持四层和七层流量分发。Ingress控制器提供了灵活的七层路由能力，支持基于域名、路径的流量分发和安全套接层（Secure Socket Layer，SSL）的终止功能。

成本优化贯穿在整个使用过程中。通过混合使用包年包月、按量付费、抢占式实例等不同的计费模式，可以在保证服务质量的前提下优化成本；集群自动伸缩根据负载动态调整节点数量，避免资源浪费；成本洞察功能提供详细的费用分析，帮助识别优化机会；资源配置和限制功能用来防止资源的过度使用。

实践经验对于成功使用ACK至关重要。初学者应从简单的无状态应用开始，逐步掌握容器化的核心概念。在部署生产环境前必须在测试环境充分验证。合理规划资源配置，既要满足性能需求，又要避免过度配置。建立完善的监控告警体系，及时发现和处理异常情况。定期备份关键数据，制定灾难恢复计划。持续学习新特性和新经验，不断优化系统架构。

阿里云ACK通过不断的技术创新和产品迭代，已经成为国内领先的企业级Kubernetes平台。其完善的功能体系、深度的云服务集成、灵活的部署选项，为企业的数字化转型提供了强有力的支撑。随着云原生技术的持续演进，ACK也在不断优化迭代，帮助用户更好地拥抱容器化和微服务架构，加速业务创新的步伐。

腾讯云MCP服务接入要求使用Kubernetes版本1.16～1.24，并且需要确保网络通畅和权限配置。接入流程包括控制台配置、代理部署、集群注册和验证四个阶段。核心代理组件在专用命名空间中运行，通过双向安全通道实现跨云管理。高级配置支持TLS加密、资源限制调整、同步范围控制和多集群网络互通。

阿里云ACK采用控制平面与数据平面分离的架构，提供托管集群、Serverless集群、边缘集群等多种形态的集群。平台深度集成ACR镜像服务、ASM服务网格等云原生组件，云原生AI套件支持GPU共享和弹性调度，适用于大规模机器学习场景。

ACK运维管理功能也日益完善，支持独立升级策略、节点池管理和多种部署模式；弹性伸缩机制包括HPA、VPA、Cron HPA等方式；监控体系覆盖基础设施、应用性能、日志分析等维度；安全防护涵盖网络隔离、访问控制、运行时安全等层面；存储系统通过CSI接口支持多种类型，Terway网络插件提供原生网络性能；成本优化通过混合计费、自动伸缩、资源配额等策略实现高效利用。

总结来说，两大平台各具特色，腾讯云MCP注重简化接入流程，阿里云ACK提供更丰富的产品形态和服务集成。企业可根据需求选择合适的平台，以加速容器化转型进程。

第二部分
技术整合篇

第 4 章　智能 3D 工作流（Cursor+MCP+Blender）

4.1　实战案例：Blender Python API架构解析

在人工智能时代，三维（Three-Dimension，3D）设计与建模领域面临两大挑战，即专业技能门槛高、生产效率低。人工智能与云计算技术的发展带来了智能3D工作流模式。

接下来将讲解Cursor、MCP如何与Blender相融合，形成智能3D创作生态。Cursor是智能编程助手，能生成符合Blender API规范的Python脚本；MCP是高性能通信协议，能实现组件间的实时数据交换；Blender提供3D建模与渲染引擎，三者结合开创了新的3D设计范式。

智能3D工作流意义重大，代表了设计方法的重大变革。对行业专业人士而言，它将提升创意实现的速度与可能性，无论是快速原型设计、方案探索还是最终产品呈现，都能显著提高效率和拓展创新空间。

Blender是一款开源的3D创作软件，其强大的功能和灵活的Python API为自动化建模和渲染提供了无限可能。在智能3D工作流中，主要利用Blender的Python API来构建自动化的3D建模和渲染流程。

Blender的Python API主要包括三个核心模块：Bpy、Mathutils和RNA。Bpy模块是Blender Python API的核心，提供了对Blender大多数功能的访问接口，包括场景管理、对象操作、材质设置等。Mathutils模块提供了一系列数学工具和函数，用于3D几何计算，如向量、矩阵和欧拉角等。RNA系统则用于访问和修改Blender的内部数据结构，如属性、操作符等。

在使用Blender Python API进行自动化建模时，可以通过编写Python脚本来创建和修改3D对象。例如，先创建基本几何体（如立方体、球体等），然后通过调整其尺寸、位置和方向来构建复杂的模型。此外，还可以利用Blender的材质和纹理系统为模型添加材质和纹理，使其更加逼真。

在渲染阶段，Blender提供了强大的渲染引擎，例如Eevee和Cycles。Eevee是一种实时渲染引擎，适用于快速预览和动画渲染。而Cycles则是一种基于物理的渲染引擎，可以生成高质量的图像和动画。通过Blender Python API，人们可以设置渲染参数、添加灯光和摄像机，并启动渲染过程。

在智能3D工作流中，Blender Python API的灵活性和强大的功能使得人们能够自动化完成复杂的3D建模和渲染任务，从而提高工作效率和创作质量。

在3D建模与动画制作领域，Blender以其强大的功能和开源特性而备受青睐。而Blender Python API则为用户提供了一种自动化和定制化的途径，使得开发者能够通过编写Python脚本与Blender的内部功能进行深度交互。下面将详细剖析Blender Python API架构的各个组成部分。

深入了解Blender Python API的架构，有助于开发者充分发挥Blender的潜力，实现各种复杂的3D建模和动画任务。通过编写脚本，可以提高工作效率，减少重复劳动，同时也为个性化创作提供了可能。通过本地部署Blender环境，开发者可以无缝集成Blender Python MCP，实现高效的项目管理和自动化流程，进一步提升创作效率和模型质量。

» 步骤1：下载Blender插件文件

首先，访问GitHub这一知名代码托管平台，找到Blender的官方仓库页面，并在页面中识别所需的插件（Add-on）文件（图4-1）。随后执行下载操作。在下载Blender插件文件时，用户需要单击相应的下载链接，将插件文件保存至本地计算机（图4-2）。

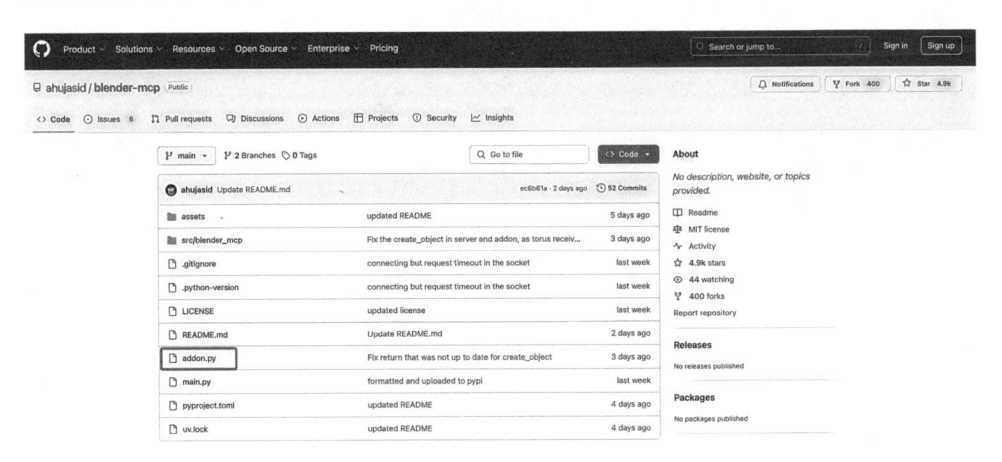

图 4-1　找到 Blender 的官方仓库并单击 Add-on 文件

图 4-2　下载 Add-on 文件

» 步骤2：准备必要环境

接下来下载Python编程语言的安装包（图4-3），这是安装和运行特定Blender插件的必要前提。然后访问Blender官方网站，找到安装命令，以设置UV编辑环境，这一步骤对于3D建模和纹理贴图工作至关重要（图4-4）。接下来在计算机终端运行代码，以便顺利安装UV编辑环境（图4-5）。

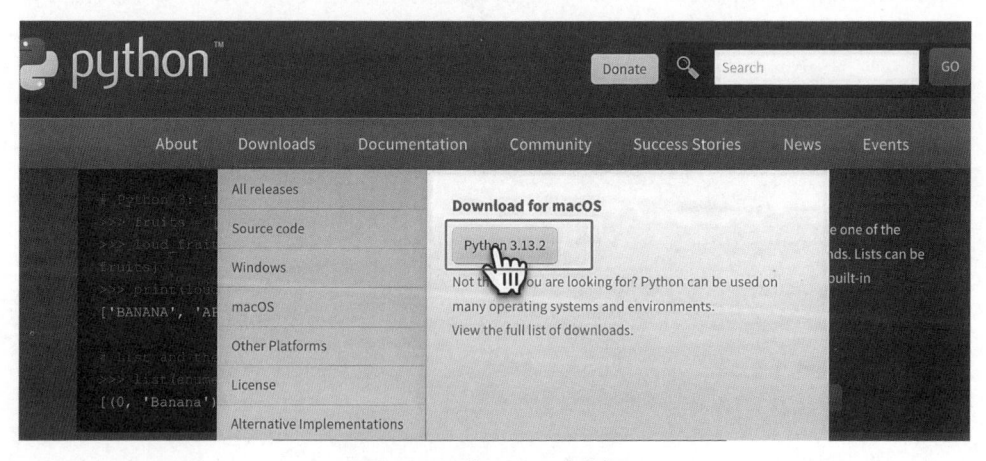

图 4-3　下载 Python 安装包

第4章 智能3D工作流（Cursor+MCP+Blender）

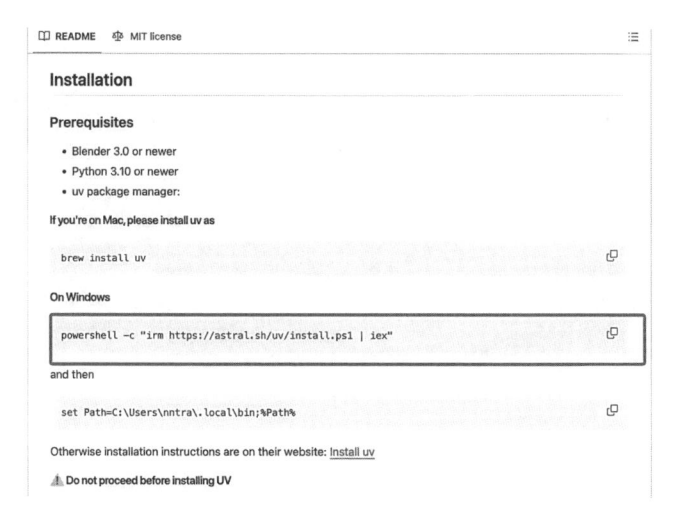

图 4-4 访问 Blender 官方网站找到安装命令，安装 UV 环境

图 4-5 在终端运行代码并安装 UV 环境

» 步骤3：下载并安装Blender软件

在Blender的官方网站上，用户可以找到软件的安装包下载页面（图4-6），并下载适合自己的版本。在选择合适的Blender版本后，单击下载按钮（图4-7），开始下载Blender软件。在下载Blender软件后，用户可能会遇到一个打赏页面，该页面可以忽略（图4-8），不影响软件的正常使用。

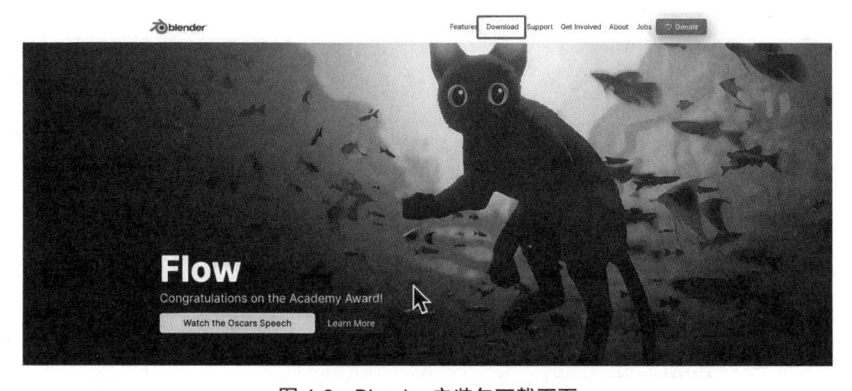

图 4-6 Blender 安装包下载页面

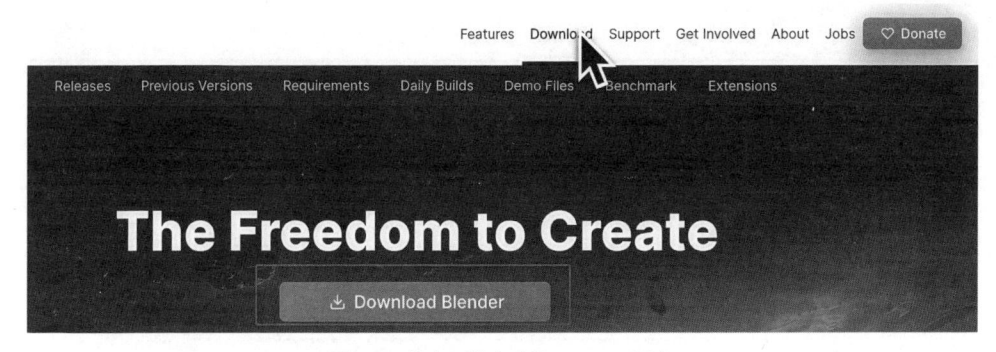

图 4-7　单击下载合适的 Blender 版本

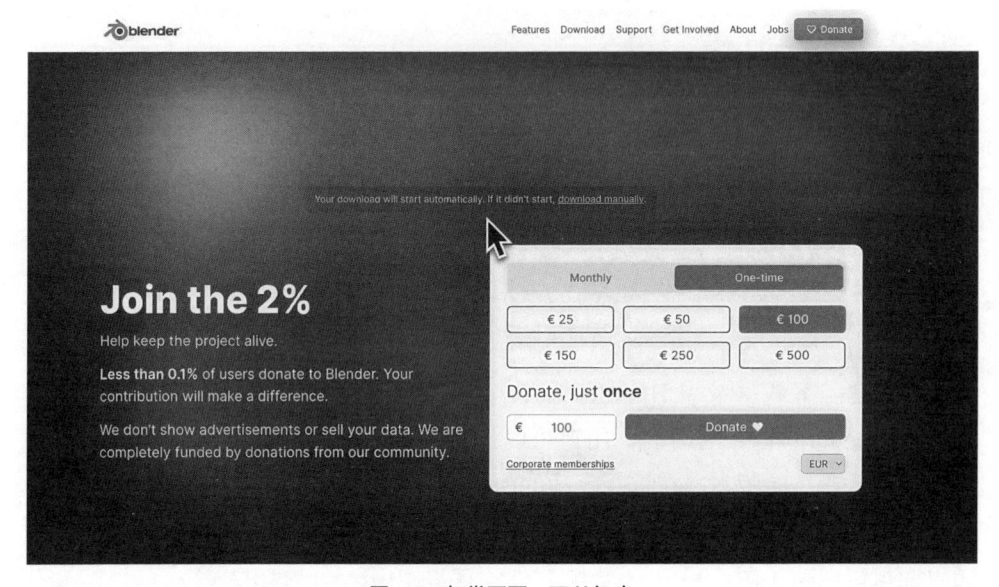

图 4-8　打赏页面，可以忽略

» 步骤4：安装Blender MCP插件

用户下载完Blender安装包后，打开该安装包以安装Blender程序，并进行一系列的设置。选择"编辑"→"偏好设置"命令（图4-9）。在Blender的"偏好设置"窗口中，用户可以选择"插件"选项，并单击"从磁盘安装"按钮（图4-10），准备安装本地的插件。

在弹出的文件选择窗口中，需要找到存放Blender插件的文件夹，并选择名为addon.py的文件（图4-11）。在Blender的用户界面底部（图4-12），可以看到"从磁盘安装"按钮，单击此按钮可以继续安装插件。

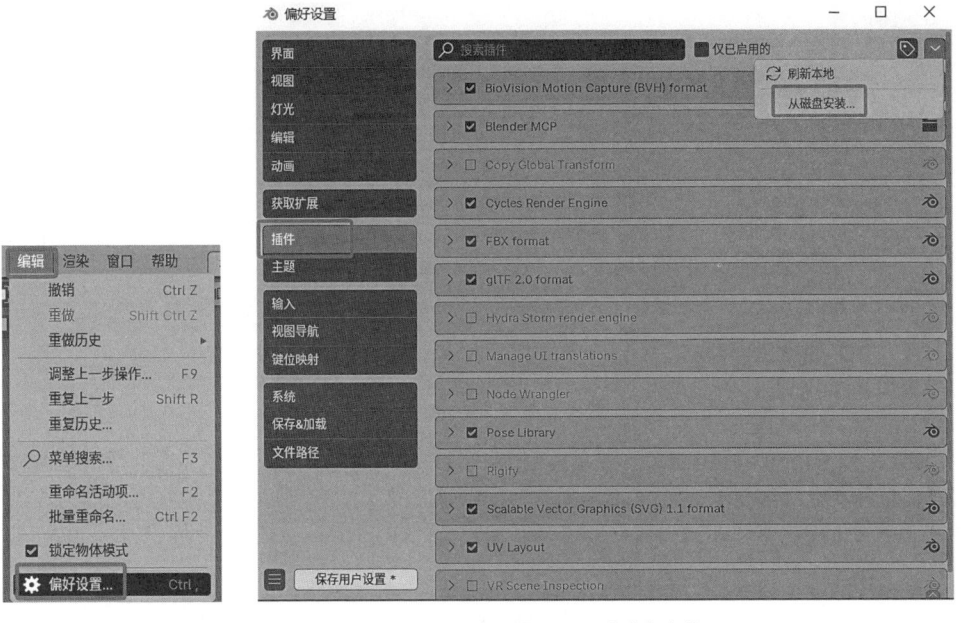

图 4-9　打开 Blender

图 4-10　从磁盘安装

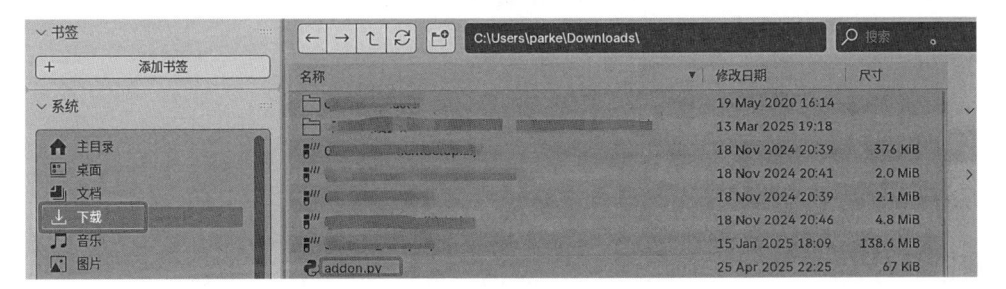

图 4-11　选择 addon.py

图 4-12　单击"从磁盘安装"按钮

» 步骤5：启用并连接MCP服务

Blender MCP 插件安装完成后，需要正确启用才能使其功能生效。首先，在 Blender 的插件管理界面中可以看到已安装的 Blender MCP 插件显示在"插件"列表中。此时需要勾选插件名称旁的复选框以启用该插件（图 4-13）。启用插件后，系统会自动加载相关功能模块，为后续操作做好准备。

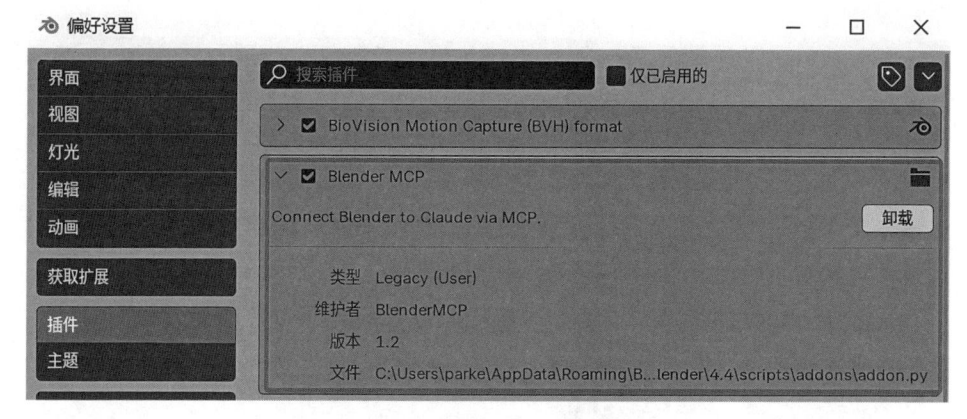

图4-13　勾选 Blender MCP 复选框

启用完成后，建议查看插件状态指示器，确认其显示为"已启用"状态。这一步骤非常重要，因为只有正确启用插件，它才能正常工作。若插件未能正确启用，可能需要检查Blender版本兼容性或插件文件的完整性。

启用插件后，需要将其连接到MCP服务器以实现完整功能。首先返回Blender的主界面，通过按下键盘上的N键打开侧边栏。侧边栏是在Blender中访问各种工具和功能的重要面板，包含多个选项卡。

在打开的侧边栏中，找到并展开Blender MCP面板。该面板中包含MCP插件的控制面板和各项功能设置入口。在Blender MCP面板中，可以看到Connect to MCP server（连接到MCP服务器）按钮（图4-14）。单击该按钮，系统将尝试连接到MCP服务器。在连接过程中，Blender会与预先配置的MCP服务器建立通信，这可能需要几秒钟的时间。在此期间，请耐心等待，不要关闭Blender或执行其他可能干扰连接过程的操作。

连接尝试完成后，界面会更新以显示当前的连接状态，如图4-15所示。成功连接后，界面会显示相关的连接状态信息，通常包括服务器地址、连接时间，以及可能的数据传输状态等信息。

此时已经完成了Blender MCP插件的安装、启用和与服务器连接的全部流程，可以开始使用其提供的功能了。连接成功后，Blender MCP面板中会显示更多可用的选项和工具，这些工具可用于处理动作捕捉数据、进行角色绑定或执行其他与MCP相关的操作。

通过以上步骤，即可成功在Windows系统上安装并设置Blender MCP插件，我们可以开始享受它带来的各种功能和便利了。

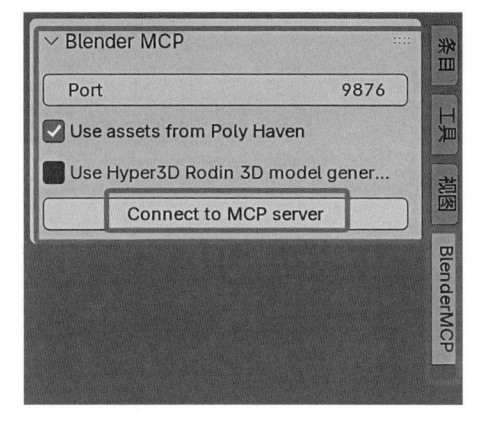

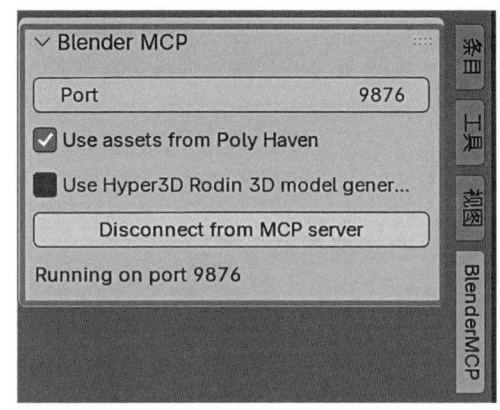

图 4-14　连接到 MCP 服务器　　　　图 4-15　成功连接到 MCP 服务器

Blender MCP插件允许用户直接与MCP服务器通信，实现数据的实时交换。它提供了直观的界面，简化了3D模型和动画数据管理，支持与其他软件集成。通过实时同步，实现多人协作和远程工作，从而提高工作效率和创作质量。

4.2　Cursor生成自动化建模脚本

在智能3D工作流中，Cursor作为连接MCP和Blender的桥梁，扮演着至关重要的角色。通过Cursor，用户可以将MCP中处理的数据实时传递给Blender，进而生成自动化的建模脚本。

具体而言，Cursor能够解析MCP传输的数据，这些数据通常包含3D模型的几何信息、材质属性等关键要素。随后，Cursor利用Blender的Python API，根据这些数据自动创建和修改3D模型。例如，如果MCP传输的数据描述了一个房屋的平面布局，那么Cursor就可以根据这些数据在Blender中自动生成房屋的3D模型，包括墙体、门窗等结构。

此外，Cursor还具备智能优化功能。在生成建模脚本的过程中，Cursor会根据模型的复杂度和渲染需求，自动调整建模参数，如细分级别、材质设置等，以确保生成的模型既符合设计要求，又能在后续的渲染过程中保持高效。

通过Cursor生成的自动化建模脚本，用户可以极大地提高3D建模的效率和质量。无论是复杂的建筑设计、机械零件还是动画角色，Cursor都能帮助用户快速、准确地生成所需的3D模型，为后续的渲染和动画制作奠定坚实的基础。

在3D建模领域，自动化建模脚本可以大大提高建模的效率和准确性。Cursor

作为一款强大的代码编辑和智能辅助工具,可以与MCP结合,生成自动化建模脚本,从而为开发者提供更加便捷的建模方式。

Cursor能够将用户的自然语言需求转化为精确的Blender Python脚本,从而实现自动化建模功能。

Cursor通过内置大语言模型(如Claude)能够理解用户输入的自然语言描述,分析建模需求,然后生成相应的Python代码。这些代码通过MCP传递给Blender执行,完成从文本描述到3D模型的转换。

» 步骤1:下载安装Cursor

首先,需要访问Cursor官方网站下载安装程序。在官方网站首页可以找到明显的下载按钮,单击下载后系统会自动识别操作系统类型,并下载适配的安装包(图4-16)。下载完成后,双击安装包启动安装程序,将自动打开安装向导。

图4-16　下载网页

接下来安装向导会采用标准的分步安装模式,用户只需按照提示依次确认安装选项。在此过程中,用户可以选择安装路径、是否创建桌面快捷方式等基本配置(图4-17)。完成这些设置后,单击"下一步"按钮继续安装过程,系统将自动完成文件解压与程序配置(图4-18)。

安装完成后,首次启动Cursor时会显示登录界面。登录系统支持多种验证方式,包括邮箱账号登录、GitHub账号关联等(图4-19)。选择合适的登录方式后,输入相应的账号信息(图4-20)即可进行身

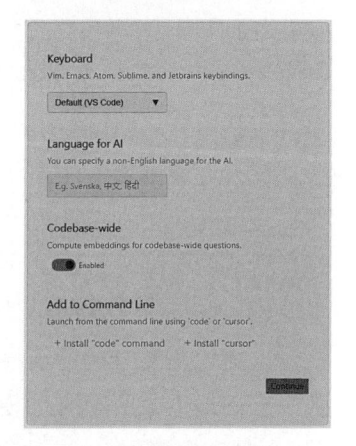

图4-17　安装选项配置

份验证（图4-21）。对于新用户，也可以选择注册新账号，填写必要的个人信息后完成注册。

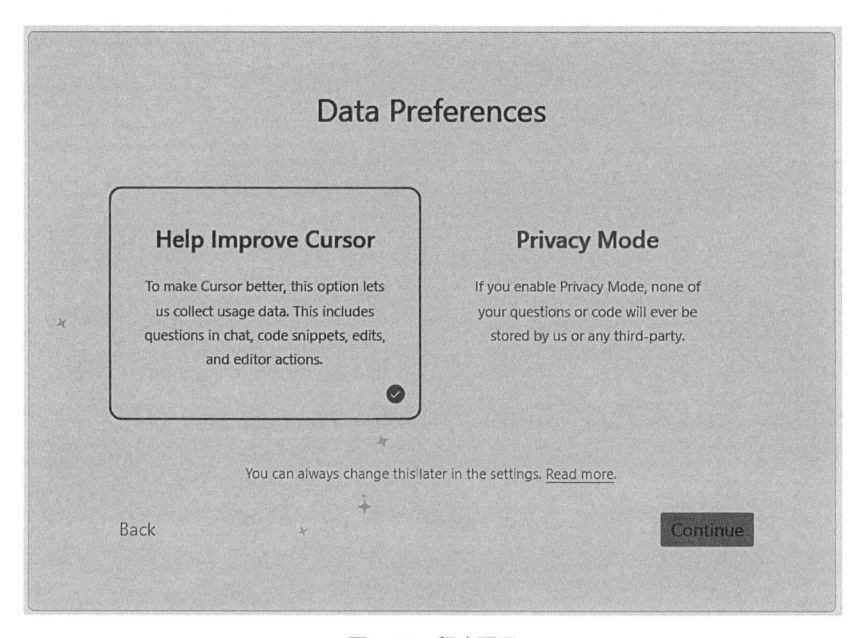

图 4-18　程序配置

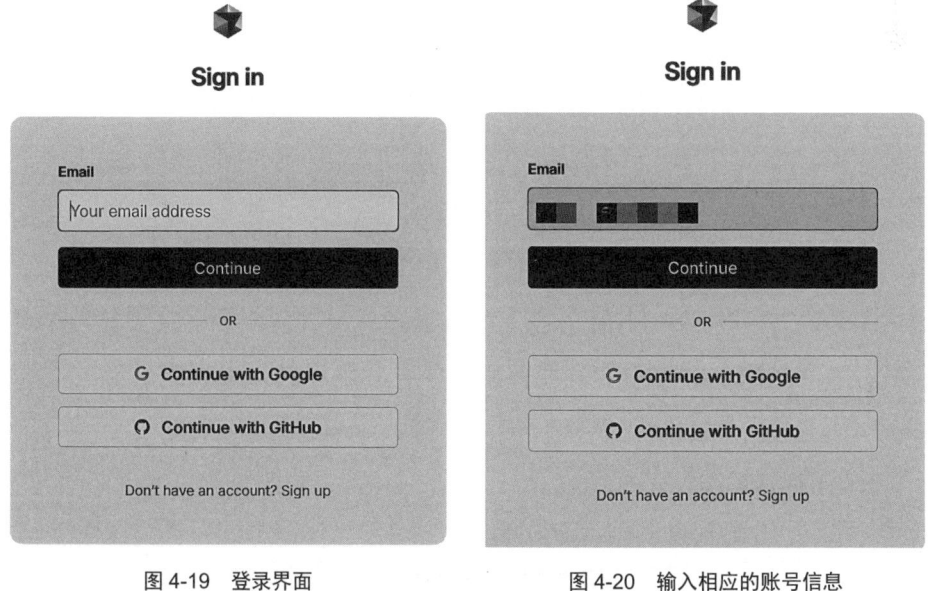

图 4-19　登录界面

图 4-20　输入相应的账号信息

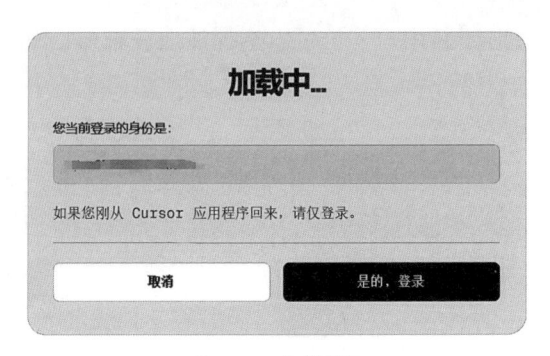

图 4-21 身份验证

成功登录后，Cursor会展示其主界面（图4-22），包含代码编辑区、文件树、终端等核心功能区域。界面布局清晰、直观，各功能模块分布合理，便于用户快速上手。主界面还集成了AI辅助功能的快捷入口，方便开发者随时调用智能辅助功能。

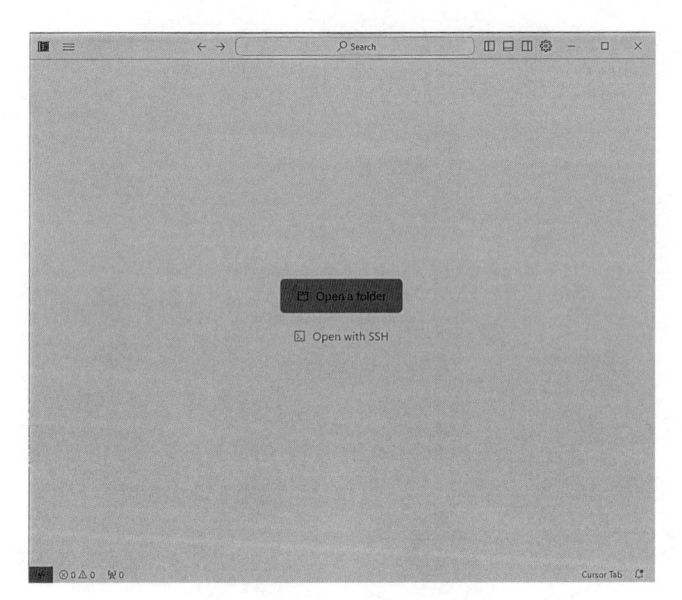

图 4-22 登录后的软件主界面

整个安装与登录流程设计简洁高效，充分考虑了用户体验，使得开发者能够快速完成环境配置，投入实际开发工作。这种流畅的初始化体验，为后续的开发工作奠定了良好基础。

» 步骤2：配置Cursor的MCP功能

完成Blender的安装后，需要配置Cursor以支持MCP功能。首先，在Blender

界面中单击"文件"菜单,然后选择"首选项"中的"Cursor settings"命令,进入Cursor的设置界面(见图4-23)。这一步是实现MCP功能的基础环节。

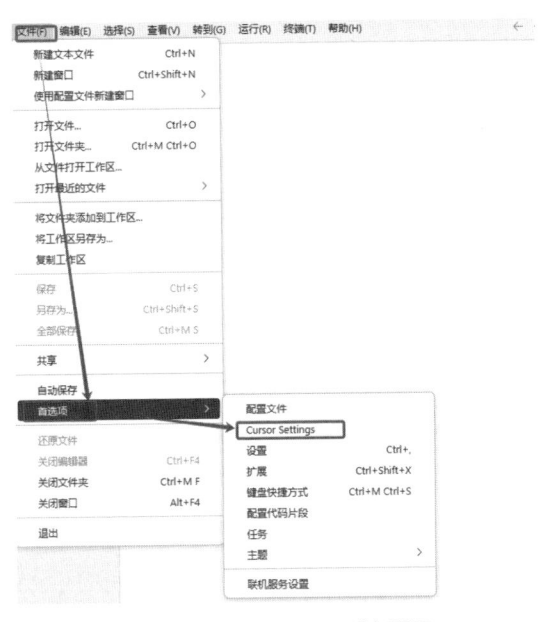

图 4-23 设置 Cursor 后进行配置

» 步骤3:在Cursor中添加Blender的MCP服务

在Cursor设置界面中,可以看到添加各种服务的选项。单击"+Add new global MCP server"按钮(图4-24),为Blender增加动作捕捉处理的功能支持。MCP服务是进行动作捕捉数据处理和应用的关键组件,能够大幅提升动画制作效率。

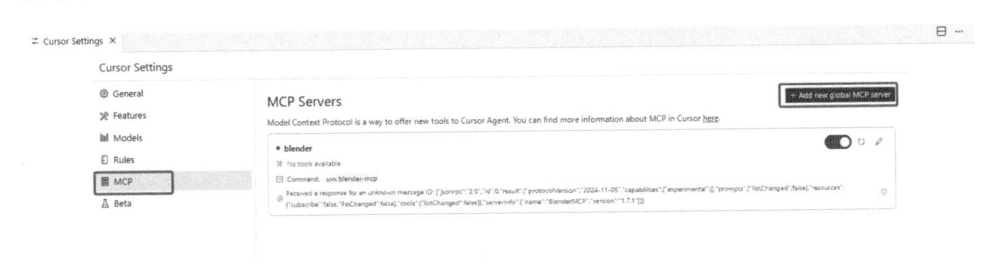

图 4-24 单击"+Add new global MCP server"按钮

添加MCP服务需要相应的配置代码。先打开浏览器,访问Blender-mcp的GitHub页面(图4-25)。在该页面中,可以找到关于MCP功能的详细文档。文档中提供了必要的配置代码,用户需要将这段代码复制下来。GitHub作为开源平台，提供了最新的MCP插件代码和更新信息，建议用户定期检查是否有新版本发布。

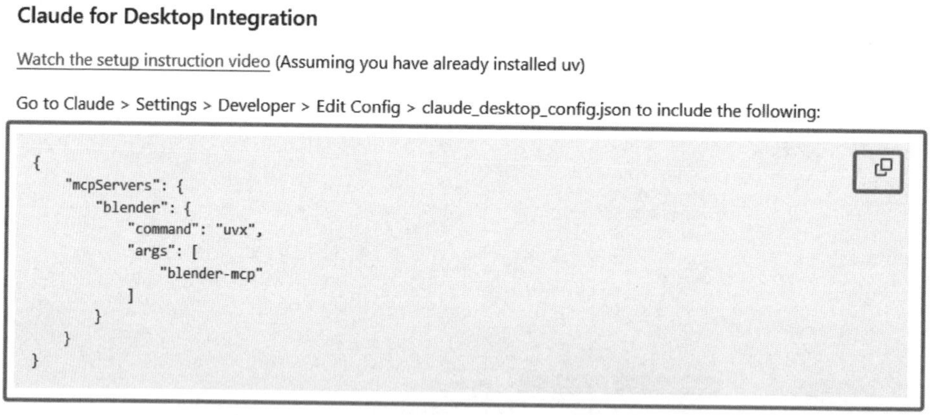

```
Claude for Desktop Integration

Watch the setup instruction video (Assuming you have already installed uv)

Go to Claude > Settings > Developer > Edit Config > claude_desktop_config.json to include the following:

{
    "mcpServers": {
        "blender": {
            "command": "uvx",
            "args": [
                "blender-mcp"
            ]
        }
    }
}
```

图 4-25　在 Blender-mcp 的 GitHub 网页中查看代码

返回Blender的设置界面，将刚才复制的代码粘贴到指定的编辑区域中（图4-26）。确认代码无误后，单击"保存"按钮并关闭设置窗口。这一步完成MCP服务的基本配置，系统会自动设置MCP与Blender之间的连接参数和功能选项。

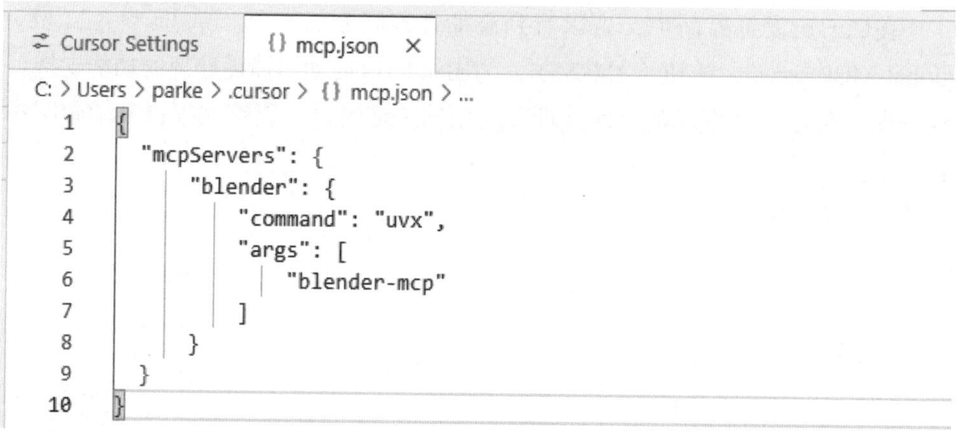

```
 Cursor Settings      {} mcp.json  ×
C: > Users > parke > .cursor > {} mcp.json > ...
   1  {
   2      "mcpServers": {
   3          "blender": {
   4              "command": "uvx",
   5              "args": [
   6                  "blender-mcp"
   7              ]
   8          }
   9      }
  10  }
```

图 4-26　粘贴代码

完成以上操作后，Blender会显示MCP服务已连接Blender的提示信息（图4-27），表明已经配置成功，系统可以正常使用MCP功能了。此时，用户可以开始使用动作捕捉数据进行角色动画制作，MCP将负责处理和优化这些数据，使其能够顺利应用到3D模型上。

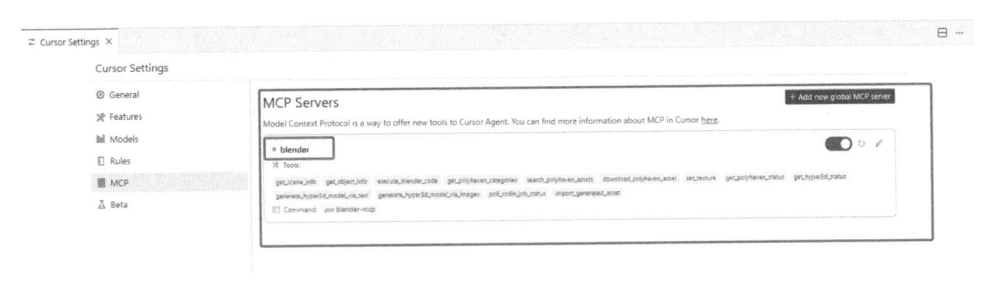

图 4-27　MCP 服务已连接 Blender

通过以上步骤，即可成功在Blender中配置了MCP服务，为后续的动画制作工作奠定了基础。若指示灯显现黄色或红色，建议关闭Cursor后重新启动。动作捕捉技术能够大幅提高角色动画的真实感和制作效率，是现代动画制作不可或缺的工具。随着技术的不断发展，MCP服务也在不断优化，建议大家定期更新配置以获取最新功能。

精确的提示词能够显著提高模型生成质量，减少后期调整工作。随着使用经验的积累，大家可以逐步掌握更有效的表达方式，根据具体需求进一步自定义和扩展。通过MCP，这些自动化流程还可以与其他应用程序集成，实现更广泛的自动化工作流。

4.3　实战案例：MCP实时参数传递方案

MCP实时参数传递方案是一种高效的数据交换机制，允许Blender与外部应用程序或服务器之间进行实时数据通信。这一方案使设计师和开发者能够在Blender环境下，接收和处理来自外部系统的参数，从而实现自动化建模和实时协作。

MCP是连接AI与各类工具的中介协议，实现指令的实时传递与执行。该协议的核心价值在于建立标准化的通信机制，使AI可以无缝操控专业软件。

智能建模脚本的生成流程

Cursor与Blender相结合的智能建模系统提供了一种全新的三维建模方法。该系统允许用户通过文本描述直接生成建模脚本，简化了传统建模流程。整个过程始于用户输入建模需求的文本描述，这些描述可以包含对模型的形状、尺寸、材质等方面的要求。

接下来，Cursor会自动分析这段文本内容，从中提取关键的建模元素和它们之间的空间关系。这一步涉及自然语言处理技术，使系统能够理解用户的意图并将其转化为可执行的建模指令。

在完成分析后，系统基于Blender API的语法规则，自动生成结构化的Python脚本。这些脚本包含了创建和操作3D对象所需的所有命令，并遵循Blender的编程规范。

生成的Python脚本随后通过MCP被传递到Blender软件中执行。MCP作为连接Cursor和Blender的桥梁，确保了数据传输的准确和效率。

最终，Blender接收到脚本并执行其中的命令，在3D空间中创建出用户所描述的模型。整个过程自动化程度高，大大减少了手动建模的工作量。

编写有效提示词的技巧

为了获得理想的建模结果，编写精确的提示词至关重要。使用精确的几何描述是基础，应当包括目标对象的尺寸、位置和角度等参数。例如，指定立方体的边长为2米或者球体的半径为0.5米，这些具体的数值有助于系统生成精确的模型。

同时，明确指定材质和纹理需求也十分必要。例如，可以描述物体的颜色、透明度、反光特性等；材质是金属、木材或玻璃等。

描述对象之间的空间关系能够帮助系统了解整体模型的结构。比如，说明某个物体位于另一个物体的上方、内部或旁边，以及它们之间的距离和对齐方式。

参考现有模型或风格可以帮助系统更好地理解用户的设计意图。例如，可以描述为"类似哥特式建筑的尖塔"或"像苹果手机那样的圆角矩形"。

对于复杂的模型，采用分步骤描述的方式更有效。先构建基础形状，然后逐步添加细节和修改，这种方法能够使系统更准确地理解建模意图。

实际应用案例

» 步骤1：在Cursor中输入需求指令

在Cursor的对话界面中，用户正在输入一个清晰的3D建模需求。输入框中显示的指令是："在Blender中创建一个球体，并在球体上方添加一个立方体。"这个指令虽然简单，但包含了明确的建模要求：需要创建两个基本几何体

（球体和立方体），并指定了它们的空间关系（立方体位于球体上方）。输入完成后，单击发送按钮或按"Enter"键提交指令（图4-28）。

» 步骤2：生成执行脚本

系统接收到用户的指令后，AI模型开始工作。它会分析需求并生成相应的Python脚本代码。在界面中可以看到生成的代码预览，这些代码包含了在Blender中创建球体和立方体的具体命令。生成代码后，界面上会出现"Run tool"（运行工具）按钮（图4-29）。单击这个按钮，系统将调用Blender执行生成的脚本。

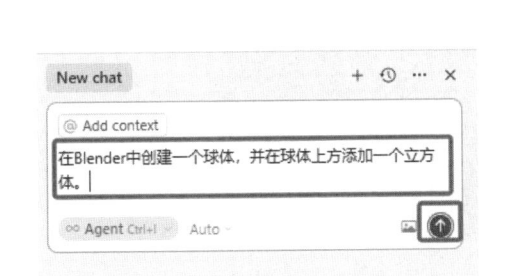

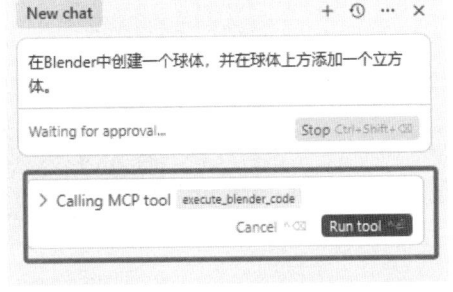

图4-28 输入需求并单击发送　　　　图4-29 单击Run tool按钮调用Blender

» 步骤3：Blender根据指令自动生成3D模型

单击Run tool按钮后，Cursor开始与Blender建立连接。界面中显示了调用过程的状态信息，表明系统正在将生成的Python脚本发送到Blender中执行（图4-30）。这个过程是自动化的，我们无须进行任何额外操作，系统会确保代码在Blender的Python环境中正确运行。

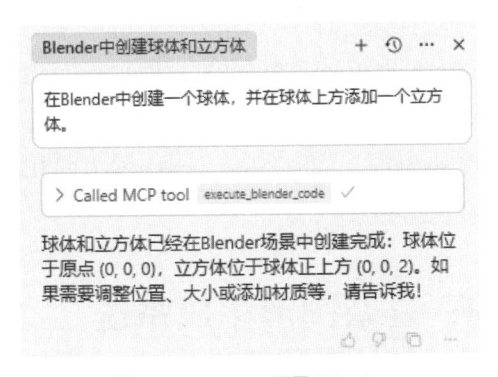

图4-30 Cursor调用Blender

执行完成后，切换到Blender窗口，可以看到最终的3D场景效果（图4-31）。图中清晰地展示了AI根据自然语言指令创建的结果：一个球体位于场景中心，一个立方体悬浮在球体的正上方。两个对象都使用了默认的材质和渲染设置，呈现出基础的灰色外观。在3D视图中可以看到对象的线框和实体显示效果。

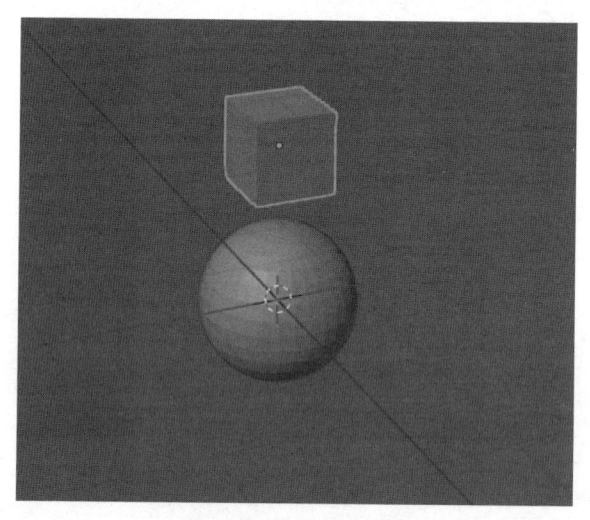

图 4-31　Blender 生成的效果图

通过更复杂的描述，用户可以创建出更加精细和复杂的模型。例如，可以描述一座带有特定细节的建筑、一个机械装置或者一个角色模型。系统的灵活性使得它能够适应各种不同复杂程度的建模需求。这种基于自然语言的建模方式降低了3D建模的技术门槛，使得没有专业建模经验的用户也能够创建出满足需求的3D模型，为创意表达提供了新的可能性。

MCP实时参数传递方案通过建立Blender与外部系统间的高效通信通道，极大地扩展了Blender的应用场景和自动化能力。它使远程协作、AI辅助建模和数据驱动可视化成为可能，同时保持了Blender高效、灵活的工作流程。

通过正确实现和配置MCP参数传递系统，设计师和开发者可以充分利用外部系统的计算能力和数据资源，同时保留Blender强大的3D建模和渲染功能，创造出更加复杂、精确和创新的3D内容。

4.4　实战案例：复杂图形生成系统

随着人工智能技术的快速发展，3D建模领域正在经历一场深刻的变革。传统的3D建模方式需要设计师掌握复杂的软件操作和建模技巧，而AI辅助建模技术的出现，让这一创作过程变得更加直观和高效。

这个例子将展示AI如何理解和执行更复杂的建模任务。相比于简单的单一对象创建，批量对象的生成和空间布局涉及更多的逻辑判断和参数控制。这个例子不仅展示了AI的语言理解能力，更重要的是展现了其在处理复杂空间关系和批量操作时的智能化水平。

这个例子通过创建多个不同尺寸的立方体和球体，并建立它们之间的空间对应关系，完美诠释了AI辅助建模的核心优势：将复杂的技术操作转化为简单的自然语言描述。这种转变不仅降低了3D建模的学习门槛，还为创意表达提供了更加自由和灵活的方式。

在接下来的内容中，将详细展示如何通过一条简单的自然语言指令，让AI自动完成批量3D对象的创建、参数设置和空间布局。这个过程将揭示AI辅助建模的工作原理，以及它在实际应用中的巨大潜力。

» 步骤1：在Cursor中输入需求指令

在Cursor的对话界面中，用户输入了一个更为复杂的建模需求："在Blender中创建三个不同大小的立方体，在每个立方体右侧添加不同大小的球体。"（图4-32）这条指令包含了多个要素：需要创建六个对象（三个立方体和三个球体），每个对象都有不同的尺寸，并且指定了明确的空间关系，即球体位于对应立方体的右侧。这个需求相比第一个例子，复杂度有了显著提升。

» 步骤2：生成执行脚本

系统接收到指令后，AI开始生成相应的Python代码。在代码预览区域，可以看到AI生成的脚本比第一个例子复杂得多。代码中包含了循环结构、参数计算和位置设置等高级编程概念。生成完成后，出现"Run tool"按钮，用户单击该按钮即可启动执行流程（图4-33）。

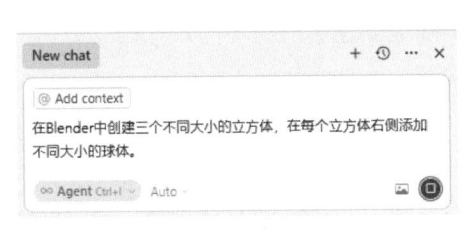

图4-32 输入需求　　　　　　图4-33 单击"Run tool"按钮

» 步骤3：Blender根据指令自动生成3D模型

单击"Run tool"按钮后，Cursor开始执行批量创建操作。界面中显示了调用状态，表明系统正在将复杂的Python脚本传输到Blender中并执行（图4-34）。这个过程虽然创建的对象更多，但执行速度依然很快，展示了自动化的效率优势。

» 步骤4：Blender批量创建3D模型

执行完成后，Blender中展示了最终的创建结果。场景中可以清晰地看到三组立方体和球体的组合（图4-35）。每组立方体和球体大小各不相同，呈现出递增或递减的规律。所有球体都整齐地排列在对应立方体的右侧，保持着合理的间距和对齐方式。

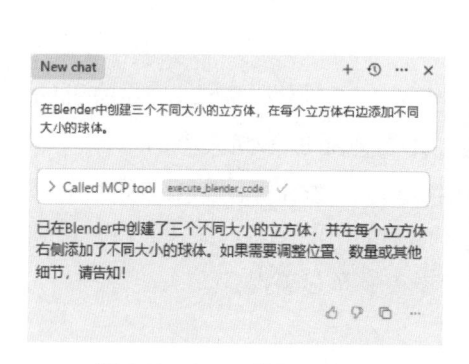

图 4-34　Cursor 调用 Blender 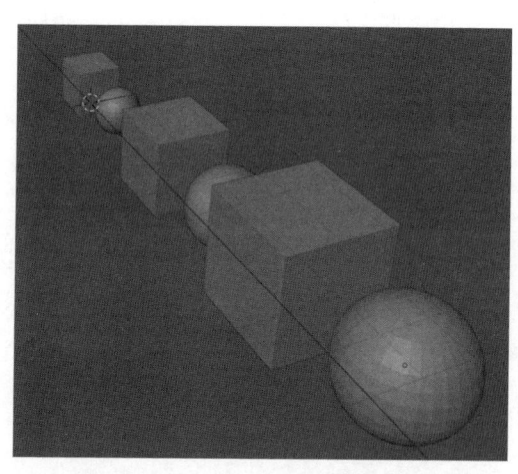　　　　图 4-35　Blender 中生成最终的效果图

这个批量创建的案例相比第一个例子有了质的飞跃，展示了AI辅助3D建模在处理复杂任务时的强大能力。它不仅提高了建模效率，更重要的是开启了参数化和程序化建模的大门，为创作者提供了全新的创作方式和可能性。

这个例子成功地展示了AI辅助3D建模在处理复杂任务时的卓越能力。通过一条包含多个要素的自然语言指令，系统准确地创建了三组不同尺寸的立方体和球体，并按照指定的空间关系进行了精确布局。

技术成就的体现

首先，AI准确理解了包含数量、尺寸变化和空间关系的复合指令，这需要强大的自然语言处理能力。其次，系统生成的代码不仅实现了功能需求，还考虑了执行效率和代码质量。最后，批量操作的成功执行证明了系统在处理复杂任务时的稳定性和可靠性。

实践价值的彰显

从实用角度来看，这个案例展示的能力可以直接应用于多个领域。在建筑设计中，可以快速生成不同规模的建筑群模型；在产品设计中，能够高效地创建系列化产品的原型；在教育领域，可以制作直观的教学演示模型；在游戏开发中，能够批量生成场景元素。

学习意义的深化

这个案例为学习者提供了宝贵的经验。它展示了如何构建有效的AI指令、如何利用参数化思维进行建模，以及如何通过AI工具提高工作效率。更重要的是，它启发了创作者思考如何将传统的手工操作转化为智能化的自动流程。

通过对这个案例的学习和实践，我们可以看到AI辅助3D建模正在打开一扇全新大门。在这个新的创作模式下，技术门槛不再是限制创意表达的障碍，每个人都可以将自己的想象转化为具体的3D作品。这种民主化的创作方式，必将推动3D内容创作进入一个全新的时代，更加聚焦于智能3D工作流的实现。

第5章　智能爬虫系统（MCP+DeepSeek）

5.1　实战案例：分布式爬虫架构设计

分布式爬虫架构是解决大规模数据采集问题的有效方案，通过合理分配任务和资源，实现高效、稳定的数据采集过程。

分布式爬虫系统主要由调度中心、任务分发器、爬虫节点、数据存储和监控系统五大部分组成。调度中心负责统筹全局任务，任务分发器则将采集任务分解并分配给各个爬虫节点，接下来爬虫节点执行实际的数据获取工作，数据存储模块用来实现数据的集中化管理，监控系统则实时观察系统的运行状态。

» 步骤1：安装Cline插件

Cline插件是一款功能强大的浏览器扩展工具，能够帮助我们实现智能化网页交互和数据处理。安装过程需要按照特定步骤进行，以确保插件能够正常运行并发挥其全部功能。

① 打开插件下载页面并下载软件：安装Cline插件需要打开浏览器的插件下载页面。可以通过浏览器的扩展程序或应用商店找到下载资源。对于Chrome浏览器用户来说，可以访问Chrome网上应用商店；对于Firefox用户，则可以访问Firefox的附加组件页面。

② 搜索Cline插件：进入插件商店后，在搜索框中输入"Cline"，然后进行搜索。系统会显示与搜索关键词相关的插件列表。在搜索结果中，找到官方的Cline插件。注意辨别真伪，以确保功能的完整性和安全性。正版Cline插件通常有较高的下载量和用户评分，并由可信的开发者发布。

③ 查看插件功能：选择Cline插件后，单击"查看详情"按钮，可以看到插件的功能介绍、用户评价以及更新日志等信息。了解插件功能有助于确定其是否符合使用需求。Cline插件的主要功能包括网页内容分析、数据提取、智能交互等。通过查看插件详情页面的功能说明，可以对Cline插件的能力范围有一个清晰的认识，从而更好地规划后续的应用场景。

④ 选择DeepSeek并填写API Key：安装Cline插件后，在初始化设置中需要选择AI服务提供商。在可选项中，选择DeepSeek作为后端服务。选择完成后，系统会提示输入DeepSeek的API Key。API Key是连接Cline与DeepSeek服务的凭证，没有有效的API Key将无法使用DeepSeek提供的AI能力。

» 步骤2：获取DeepSeek API Key

DeepSeek是一个先进的AI服务平台，为开发者和用户提供了强大的自然语言处理和机器学习能力。要使用DeepSeek的服务，需要获取并配置API Key，下面介绍获取DeepSeek API Key的详细步骤。

① 访问DeepSeek官网：要获取DeepSeek API Key，首先需要访问DeepSeek的官方网站。在浏览器的地址栏中输入DeepSeek的官方网站地址，进入其主页。DeepSeek官网提供了丰富的产品信息、技术文档和开发者资源。在主页导航栏中，找到"API开放平台"选项，单击进入API服务页面。访问官网是获取API Key的第一步，也是了解DeepSeek服务能力的重要途径。

② 创建API Key：在DeepSeek的API开放平台页面，找到"API Keys"管理区域。如果是首次使用，需要注册并登录DeepSeek账号。登录后，在"API Keys"页面单击"创建新的API Key"按钮。在创建过程中，系统会要求填写API Key的用途描述、适用的API服务范围、使用限制等信息。这些设置有助于后续管理和监控API Key的使用情况。完成设置后，系统会生成一个唯一的API Key字符串。

③ 配置API Key：获取API Key后，将其复制到剪贴板。返回Cline插件的设置页面，找到API Key配置区域，将复制的API Key粘贴到输入框中。输入完成后，单击"Done"或"保存"按钮确认配置。系统会验证API Key的有效性，验证通过后，Cline插件与DeepSeek服务的连接就建立完成了。此时，Cline插件已经可以调用DeepSeek的AI能力，执行各种智能化任务了。

» 步骤3：安装爬虫工具

爬虫工具是Cline插件生态系统中的重要组成部分，能够自动采集网页数据，提高信息获取的效率和准确性。下面介绍安装爬虫工具的详细步骤和注意事项。

① 安装爬虫工具：为了增强Cline插件的数据采集能力，需要安装配套的爬虫工具。在Cline插件的设置界面，找到爬虫工具相关选项，单击"Install"按钮开始安装。爬虫工具能够自动抓取网页数据，是执行大规模数据采集的重要组

件。安装过程会自动下载并配置必要的文件，用户只需等待安装完成即可。

② 处理安装提示：在安装爬虫工具的过程中，可能会出现一些提示或警告信息。这些提示通常与系统权限、文件覆盖或依赖项缺失相关。对于大多数情况，这些提示可以直接忽略，单击"继续"或"确认"按钮即可。如果遇到特定的错误提示，建议详细阅读提示内容，并按照提示进行操作。处理好这些提示信息，能够确保爬虫工具的正常安装和运行。

③ 运行安装命令：完成基本安装后，系统会提供一些需要在命令行终端中执行的命令。这些命令用于配置环境变量、安装依赖库和初始化爬虫工具。打开命令行终端（Windows系统可使用命令提示符或PowerShell，macOS/Linux系统使用Terminal），然后复制并粘贴提供的命令，按Enter键执行。确保每条命令都能成功执行，没有出现错误信息，这对于爬虫工具的正常运行至关重要。

④ 接受配置：运行完安装命令后，回到Cline插件界面，系统会显示爬虫工具的配置文件。我们需要仔细阅读配置内容，了解爬虫工具的默认设置。如果配置内容符合需求，单击"接受"或"确认"按钮确认配置。接受配置后，爬虫工具会按照这些设置运行，从而影响数据采集的范围、频率和方式。如果对某些配置项有特殊需求，可以在接受前进行修改。

⑤ 修改代码：在某些情况下，可能需要根据特定需求修改爬虫工具的代码。系统会显示可修改的代码区域，通常是一些JavaScript或Python代码片段。这些代码控制爬虫的行为逻辑、识别和提取网页元素、处理采集到的数据等行为。根据实际需求，我们可以调整代码中的参数、条件判断或数据处理流程。修改完成后，保存代码，爬虫工具会按照修改后的逻辑运行。

» 步骤4：安装Browser Tools

Browser Tools是一套强大的浏览器操作工具集，能够实现网页元素的精确定位、操作和数据提取等功能。结合Cline插件和爬虫工具，Browser Tools可以显著提升网页自动化程度。下面将介绍详细的安装和配置步骤。

① 下载Browser Tools插件：Browser Tools是一套强大的浏览器辅助工具，能够实现对网页元素的精确定位和操作功能。首先需要下载Browser Tools插件，在Cline插件的相关页面中，找到Browser Tools的下载链接，通常会跳转到GitHub等代码托管平台。在目标页面中，找到并单击"下载"按钮，获取Browser Tools的安装包。请确保从官方渠道下载，以避免安全风险。

② 解压下载的文件：下载完成后，得到的通常是一个压缩文件。找到下载

的文件，单击鼠标右键，选择"解压到"或使用解压软件将其解压到指定文件夹。解压后的文件夹包含Browser Tools的完整组件，包括JavaScript文件、CSS样式文件、图表资源等。解压时，选择一个便于记忆和访问的位置，后续的安装步骤会用到这些文件。

③ 打开浏览器扩展管理页面：要将Browser Tools安装到浏览器中，需要打开浏览器的扩展管理页面。在浏览器的菜单中找到"扩展程序"或"附加组件"选项，单击进入相应的页面。也可以在地址栏中直接输入特定地址（如在Chrome浏览器中可输入"chrome：//extensions/"）来访问扩展管理页面。在扩展管理页面，可以查看已安装的扩展，也可以安装新的扩展。

④ 开启开发者模式：在扩展管理页面，找到并开启"开发者模式"选项。开发者模式通常位于页面右上角或顶部。开启开发者模式后，页面会显示更多的选项和功能，允许加载未打包的扩展程序。这一步是必须完成的，因为Browser Tools是以未打包的形式提供的，需要通过开发者模式来加载。

⑤ 安装插件：开启开发者模式后，在扩展管理页面中会出现"加载已解压的扩展程序"。单击该按钮，在弹出的文件选择对话框中，找到解压后的Browser Tools文件夹，选择该文件夹并确认。此外，也可以直接将解压后的文件夹拖到扩展管理页面中。浏览器会自动识别并加载Browser Tools扩展程序。加载成功后，Browser Tools会出现在已安装的扩展列表中，并显示其图标和基本信息。

⑥ 复制配置代码：安装Browser Tools后，需要进行配置以确保其可以正常工作。在相关文档或指导页面中，找到配置代码片段。这些代码通常以文本的形式提供，包含Browser Tools的运行参数和权限设置。仔细阅读代码内容，了解各个参数的作用，然后将整段代码复制到剪贴板中。以确保复制完整且无差错的代码，以免导致配置错误。

⑦ 粘贴并修改代码：找到Browser Tools的配置文件或设置界面，将复制的代码粘贴到指定位置。粘贴后，根据实际需求对代码进行修改。通常需要修改的部分包括API端点地址、认证信息、权限范围等。修改时要特别注意语法的正确性，确保不引入错误。如果不确定某个参数的作用，可以参考文档或保持默认值。修改完成后，保存配置文件，使设置生效。

⑧ 完成Browser Tools安装：配置完成后，Browser Tools的安装就基本完成了。回到浏览器，可以在工具栏或扩展列表中找到Browser Tools的图标。单击图标可以打开Browser Tools的控制面板，查看其状态和功能选项。如果一切正常，

Browser Tools应显示为"已启用"状态，此时控制面板中的各项功能都可以正常访问。至此，Browser Tools安装完成，用户可以开始使用其提供的网页操作和数据提取功能。

» 步骤5：运行配置命令

为了使Cline插件、爬虫工具和Browser Tools能够协同工作，需要运行一些配置命令进行环境设置。这些命令设置了组件之间的通信方式、数据交换格式和操作权限，以确保整个工具链能够流畅运行。

① 在终端运行命令：打开命令行终端（Windows系统使用命令提示符或PowerShell，macOS/Linux系统使用Terminal），然后输入指定的命令。这些命令通常涉及环境变量设置、服务启动和权限配置。输入命令时要注意大小写和空格，确保完全按照提供的格式输入。在命令执行过程中需要获取管理员权限，遇到权限提示时单击"是"。

② 确认命令执行成功：命令执行完毕后，终端会显示执行结果。成功执行的命令通常会显示"成功"的提示。如果出现错误信息，需要仔细阅读错误内容，找出问题所在并解决。常见的错误包括路径错误、权限不足、依赖项缺失等。确认所有命令都成功执行后，各组件之间的通信和协作就建立起来了，这为后续的使用奠定了基础。

» 步骤6：使用Browser Tools

完成安装和配置后，接下来将介绍Browser Tools的基本使用方法。Browser Tools提供了丰富的网页操作功能，能够帮助用户高效地分析和处理网页内容。掌握这些基本操作，是充分利用工具能力的关键。

① 打开网页检查功能：要使用Browser Tools进行网页操作，首先需要打开网页检查功能。在任意网页中，右键单击页面元素，从弹出的快捷菜单中选择"检查"命令。这将打开浏览器的开发者工具面板，显示网页的HTML结构、CSS样式等信息。开发者工具面板是用户与Browser Tools交互的重要接口，通过这个面板可以查看网页结构、定位元素、执行命令等操作。

② 确认Browser Tools的启用状态：在开发者工具面板中，查看是否有"Browser Tools MCP已启用"或类似的提示。这个提示通常显示在面板的顶部或底部，表明Browser Tools已经成功加载并启用。如果没有看到这个提示，可能是Browser Tools安装不正确或没有正常加载。此时，需要回到扩展管理页面，检查Browser Tools的状态，确保其处于已启用状态，并且没有错误提示。

③ 完成设置：确认Browser Tools正常启用后，单击相关的"完成"按钮，结束初始设置。这一步标志着Browser Tools的基本配置已经完成，可以开始使用其功能进行网页操作。完成设置后，Browser Tools会在后台运行，随时准备响应命令。在使用过程中，可以通过Browser Tools的控制面板或命令接口调用各种功能，如元素选择、数据提取、页面截图等。

» 步骤7：Cline插件与Browser Tools组合实操

掌握了基本操作后，接下来通过一个具体的实例，展示如何使用Cline插件与Browser Tools进行网页元素的选择和信息提取。这个案例将演示工具的核心功能和工作流程。

① 选择网页标签：在实际应用中，首先需要在网页中选择要操作的元素或标签，可以通过Browser Tools提供的选择器工具，或者在开发者工具面板中直接单击HTML元素来选择。在选择元素时，尽量选择具有唯一标识（如ID、特定类别或属性）的元素，这样有助于精确定位。选中的元素会在页面中高亮显示，同时在开发者工具面板中对应的HTML代码也会被标记出来。

② 提出工具需求：选择好目标元素后，需要明确要执行的操作或获取的信息。在Cline插件的交互界面中，输入具体的需求描述，例如"获取当前选中标签的文本内容""提取该元素下所有链接地址"等。需求描述应尽量清晰具体，指明操作对象、操作类型和预期结果。Cline会根据需求调用Browser Tools的相应功能，执行指定的操作。

③ 接受工具服务：提出需求后，系统会请求确认是否允许工具执行相关操作。这是一个安全确认步骤，目的是防止未经授权的操作。在确认对话框中，会显示工具将要执行的具体操作和可能的影响。需要我们仔细阅读确认信息，以确保了解该工具的操作内容，然后单击"接受"按钮。授权后，工具会开始执行所请求的操作。

④ 查看定位结果：工具执行操作后，会显示定位结果，包括选中元素的详细信息。这些信息通常包括元素的标签类型、属性值、内容文本、DOM路径等。通过这些信息，可以确认工具是否正确地定位到了目标元素。如果定位结果不符合预期，可以调整选择方式或修改需求描述，然后再重新执行操作。定位准确是后续操作的基础，确保这一步的正确性非常重要。

⑤ 完成任务：确认定位结果正确后，工具会继续执行后续任务，如提取数据、修改属性或模拟交互等。任务完成后，工具会显示执行结果，包括获取到的

数据、操作的状态和可能的后续步骤。对于数据提取任务，结果通常以文本、表格或JSON格式呈现，用户可以复制、保存或直接使用。对于交互类任务，结果可能是操作成功的确认或页面状态的变化。我们需要查看任务完成情况，确认结果符合预期，进而判断整个操作流程是否可以结束。

通过以上详细的步骤，我们可以顺利完成Cline插件与Browser Tools的配置，并利用这套工具组合实现网页自动化操作和数据提取。从安装插件开始，到获取API Key，再到配置爬虫工具和Browser Tools，每个环节都紧密相连，共同构建了一个功能完备的工具链。

能过这个案例展示了这套工具在网页元素操作和数据提取方面的强大能力。直观地展示了自动化工具如何高效地从复杂网页中获取有价值的结构化信息，大大提高了信息处理的效率。

这套工具组合不仅适用于招聘信息提取，还可以应用于各种网页数据采集场景，如商品价格监控、新闻内容聚合、学术资料收集等。通过灵活的配置和使用，能够满足不同用户的多样化需求，显著提升网页数据处理的效率和准确性。

Cline插件与Browser Tools的配置和安装流程虽然包含多个步骤，但每个步骤都有明确的操作指引，用户可以按照指南逐步完成整个配置和安装过程。这套工具组合提供了强大的网页自动化和数据提取能力，能够帮助用户高效地从网页中获取有价值的信息。

从安装Cline插件开始，到获取DeepSeek API Key，再到安装爬虫工具和Browser Tools，每个步骤都是为了构建一个完整的工具链，使各个组件能够协同工作，发挥最大效能。通过运行配置命令和基本设置，用户建立了组件间的连接，确保了数据和控制指令的顺畅流动。

总体来说，Cline插件与Browser Tools的组合为网页数据处理提供了一个强大而灵活的解决方案，无论是个人用户还是专业团队，都可以从中受益，提高工作效率，获取更多有价值的信息。

5.2 实战案例：DeepSeek应对反爬技术应用

DeepSeek作为新一代AI模型在爬虫领域的应用，为应对反爬问题带来了革命性的变化。结合大语言模型的推理能力和代码生成能力，DeepSeek能够智能分析网站防护机制并自动生成绕过方案。

DeepSeek模型是一种基于深度学习的大规模语言模型，具备强大的代码理解和生成能力。在爬虫的应用场景中，它能够理解网站结构，分析JavaScript加密算法，并自动生成解决方案。与传统模型相比，DeepSeek对代码逻辑和上下文的理解更为深入，能够处理复杂的前端加密和验证机制。

» 步骤1：安装Cline插件

Cline插件是一款功能强大的浏览器扩展程序，能够帮助我们高效地与各种AI模型进行交互，实现智能化的网页操作。接下来将详细介绍Cline插件的安装过程。

首先，需要打开浏览器的插件管理界面（图5-1）。在这个界面中，用户可以浏览、下载和管理各种浏览器插件。为了找到Cline插件，需要在搜索框中输入Cline进行搜索，系统会立即显示相关的插件（图5-2）。搜索结果中会列出Cline插件及其基本信息，包括评分、安装次数和简要描述。

图5-1 双击打开浏览器插件管理界面

图5-2 在浏览器插件管理界面中搜索 Cline 插件

接下来，单击Cline插件旁边的小机器人头像图标，系统会展示该插件的详细功能介绍（图5-3）。这一步非常重要，因为它可以让用户在安装前充分了解该插件能够提供哪些服务，例如，网页内容分析、数据提取、自动化操作等。通过阅读这些介绍，用户可以确定该插件是否符合自己的需求。

确认需要安装Cline插件后，单击"安装"按钮，然后选择DeepSeek作为后端服务提供商（图5-4）。在这一步中，系统会要求用户提供DeepSeek的API Key以完成配置。这个API Key是连接Cline插件与DeepSeek AI服务的桥梁，确保用户能够正常使用DeepSeek的AI服务。

图 5-3　显示插件详细功能介绍　　　　图 5-4　选择 DeepSeek 作为后端服务提供商

» 步骤2：获取DeepSeek API Key

DeepSeek是一个先进的AI服务平台，提供强大的自然语言处理和机器学习能力。要使用DeepSeek的服务，首先需要获取一个API Key。接下来将详细介绍如何获取DeepSeek API Key。

首先，需要访问DeepSeek的官方网站（图5-5）。在官网首页导航栏中，找到并单击"API开放平台"选项。从而进入DeepSeek的API服务界面，这里提供了关于API使用的各种文档和工具。

图 5-5　打开 DeepSeek 官网首页

进入 API 开放平台后，在左侧导航栏中找到并单击"API keys"选项（图 5-6）。

在这个页面中，我们可以查看已有的 API 密钥或创建新的密钥。对于首次使用的用户，需要创建一个新的 API Key。创建过程通常包括填写用途描述、选择权限范围等步骤，完成后系统会生成一个唯一的 API 密钥。

图 5-6　选择 API keys 选项

获取 API Key 后，需要将其配置到 Cline 插件中。回到 Cline 插件的设置页面，将刚才获取的 API Key 复制并粘贴到指定的 DeepSeek API Key 文本框中，然后单击"Done"按钮完成配置（图 5-7）。此时，Cline 插件已经成功与 DeepSeek 服务建立了连接，我们可以开始使用 DeepSeek 提供的 AI 服务了。

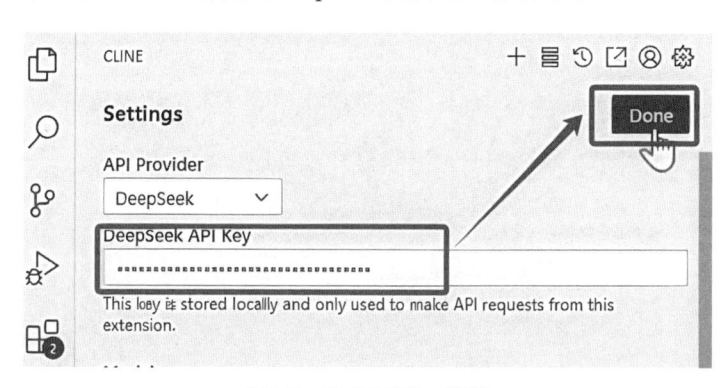

图 5-7　完成 API Key 配置

» 步骤 3：安装爬虫工具

为了增强 Cline 插件的数据采集能力，需要安装配套的爬虫工具。爬虫工具能够自动获取网页数据，大大提高信息收集的效率。接下来将详细介绍爬虫工具的安装步骤。

首先，在 Cline 插件的设置界面中，找到爬虫工具的安装选项，单击"Install"按钮开始安装（图 5-8）。系统会自动下载并安装必要的组件，这个过程可能需要几分钟时间，这主要取决于网络速度和计算机性能。

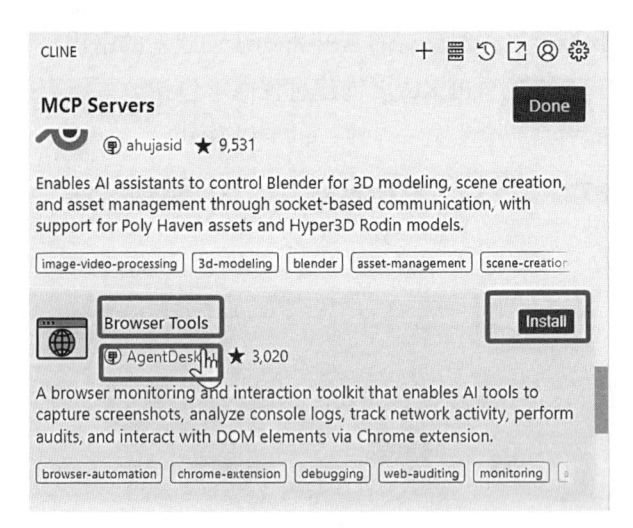

图 5-8 安装爬虫工具

在安装过程中，系统可能会显示一些提示或警告信息（图5-9）。这些提示通常是关于权限或依赖项的说明，对大多数用户来说，可以直接忽略这些提示，选择继续进行安装。如果遇到特殊情况，可以根据提示信息进行相应处理。

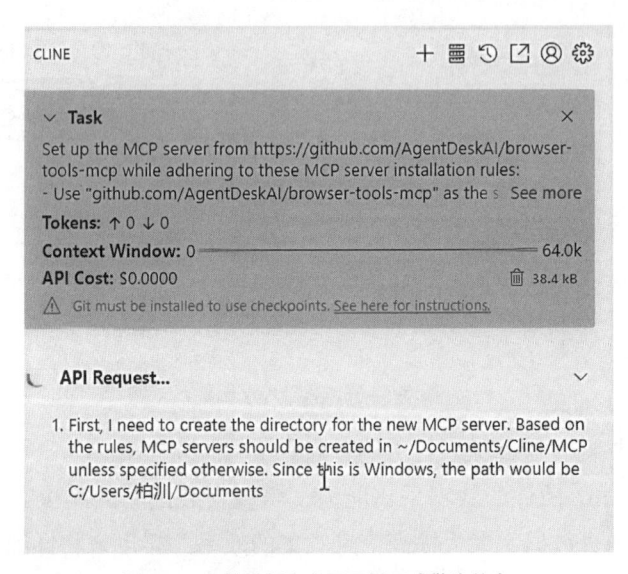

图 5-9 安装过程中会显示提示或警告信息

接下来系统会提供一些安装命令，我们需要按照提示运行这些命令（图5-10）。这些命令通常用于配置环境变量、安装依赖库或初始化爬虫工具。用户可以单击相应的按钮复制对应的命令，然后在命令行终端中粘贴命令并执行。

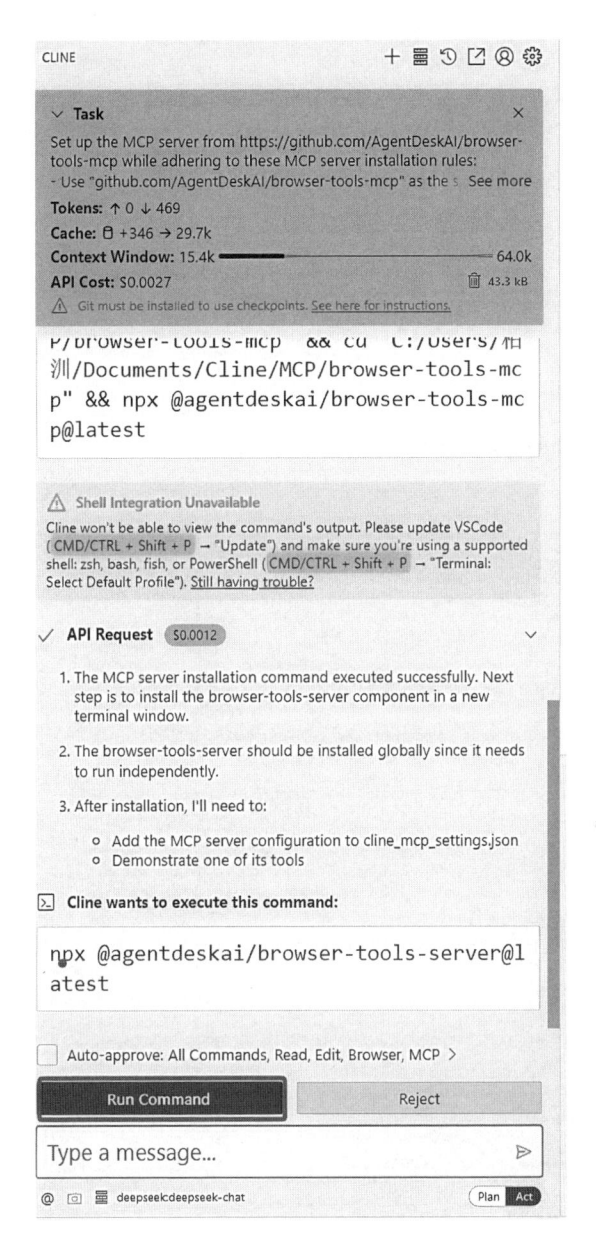

图 5-10　安装时提供的命令

执行命令后，系统会显示配置文件，我们需要查看并接受这些配置（图 5-11）。配置文件包含爬虫工具的各种设置，如数据存储位置、爬取频率、代理设置等。对于初次使用的用户，建议直接接受默认配置，后续可以根据实际需求进行调整。

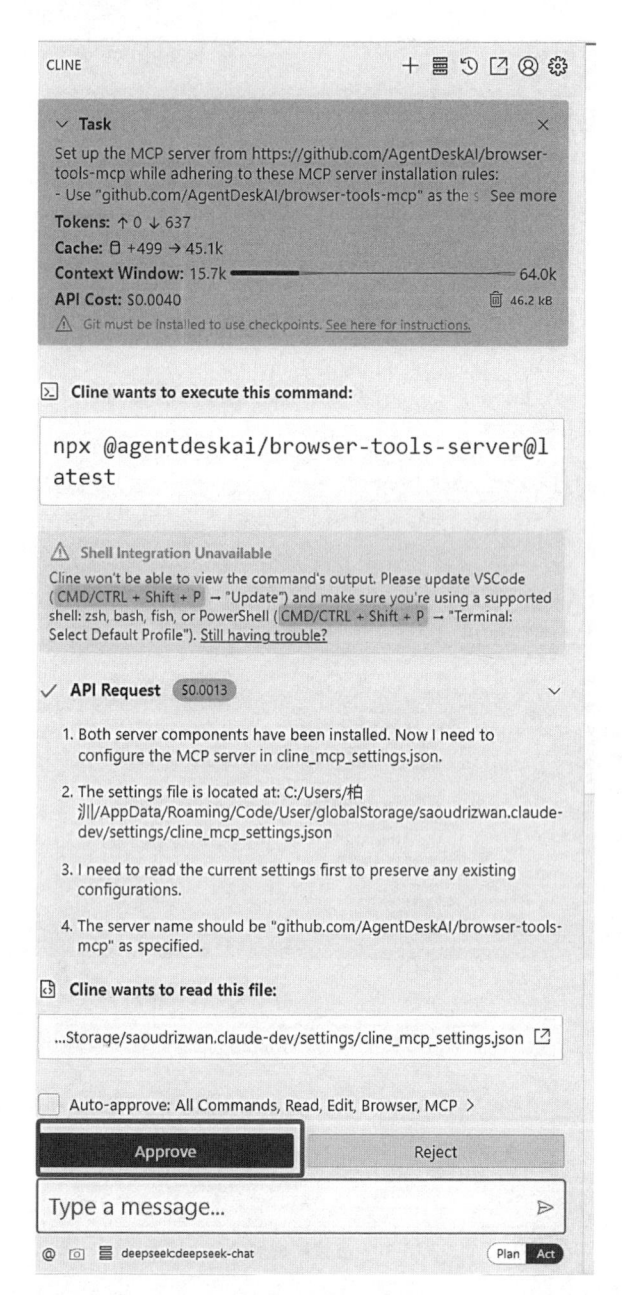

图 5-11　配置文件

最后，我们可能需要根据特定需求修改一些代码（图5-12）。这些修改通常涉及爬虫的行为逻辑、数据处理方式或输出格式等。对于不熟悉编程的用户，建议谨慎修改，或者寻求专业人士的帮助。

```
 1  {
 2    "mcpServers": {
 3      "github.com/AgentDeskAI/browser-tools-mcp": {
 4        "command": "cmd",
 5        "args": ["C:/Users/柏汌/Documents/Cline/MCP/browser-tools-mcp/build/index.js"],
 6        "disabled": false,
 7        "autoApprove": []
 8      }
 9    }
10  }
11
```

图 5-12 需要修改的代码部分

通过DeepSeek的智能分析和代码生成能力，现代爬虫系统能够更加灵活地应对各类网站的防护措施，实现高效稳定的数据采集。相比于传统的手动逆向方法，这种方式大幅降低了技术门槛，提高了应对反爬策略变化的响应速度。

5.3 实战案例：MCP动态任务调度的实现

MCP为AI与工具的集成提供了标准化接口，在爬虫系统中引入MCP可实现动态任务调度，大幅提升系统的灵活性与智能化水平。

MCP在爬虫中的价值

MCP建立了AI与浏览器、数据库等工具之间的统一通信标准，使AI能够直接控制这些工具执行任务。在爬虫系统中，MCP使DeepSeek等模型能够直接操作浏览器、解析网页结构、执行JavaScript代码并处理各类网站交互，极大地简化了复杂网站的数据采集流程。

» 步骤1：安装Browser Tools

Browser Tools是一套强大的浏览器操作工具集，能够实现网页元素的精确定位、操作和数据提取。结合Cline插件和爬虫工具，Browser Tools可以显著提升网页的自动化程度。

首先，需要下载Browser Tools插件。单击图5-8中的Browser Tools按钮，系统会打开GitHub中Browser Tools项目的详细信息页面。在这个页面中，找到并单击下载红框中标记的插件（图5-13），即可下载插件安装包。通常这个插件是以ZIP格式的压缩包形式提供。

Quickstart Guide 快速入门指南

There are three components to run this MCP tool:
有三个组件可以运行此MCP工具：

1. Install our chrome extension from here: v1.2.0 BrowserToolsMCP Chrome Extension

图 5-13　打开 GitHub 官网中 Browser Tools 的详细信息页面

下载完成后，将获取到的压缩包解压，得到一个包含插件文件的文件夹（图5-14）。这个文件夹中包含Browser Tools的所有组件，包括JavaScript文件、CSS样式表、图标资源等。

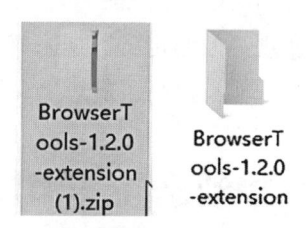

图 5-14　下载后的压缩包和解压后的文件夹

接下来需要将Browser Tools作为浏览器扩展程序进行安装。首先，单击浏览器右上角的菜单按钮，选择"扩展程序"选项，然后单击"管理扩展程序"按钮（图5-15）。打开浏览器的扩展程序管理界面，在这里可以查看、管理和安装各种浏览器扩展程序。

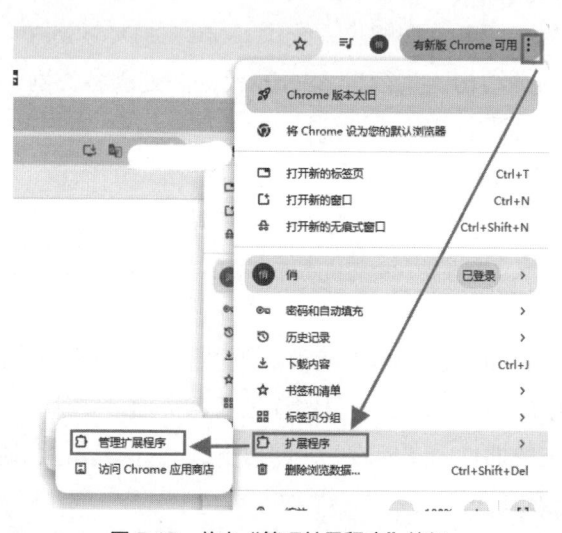

图 5-15　单击"管理扩展程序"按钮

在扩展程序管理界面中，需要开启"开发者模式"（图5-16）。开发者模式允许用户从本地加载未打包的扩展程序，这是安装Browser Tools的必要步骤。通常，开发者模式开关位于页面的右上角或右侧边栏。

图 5-16 开启"开发者模式"

开启开发者模式后，将之前解压得到的Browser Tools文件夹拖入浏览器的扩展程序页面中（图5-17）。浏览器会自动识别并加载这个扩展程序。加载完成后，确保该扩展程序的状态是启用的，通常会有一个开关可以控制扩展程序的启用状态。

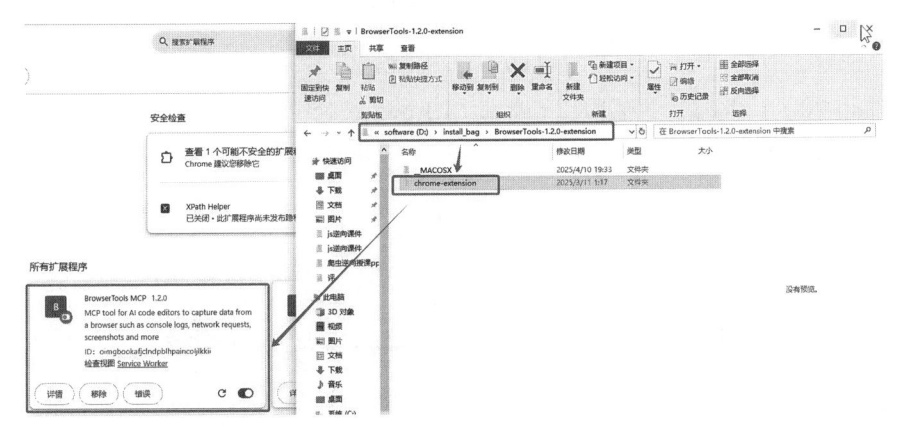

图 5-17 添加并开启扩展程序

安装完Browser Tools后，需要进行一些基本配置。首先，复制配置所需的代码片段（图5-18）。这些代码通常包含Browser Tools的初始化参数、权限设置、操作模式等关键信息。

然后将复制的代码粘贴到适当的位置，并根据需要进行修改（图5-19）。修改可能涉及API端点、认证信息、操作权限等。对于大多数用户来说，只需修改认证信息即可，其他参数可以保持默认值。

Quickstart Guide 快速入门指南

There are three components to run this MCP tool:
有三个组件可以运行此MCP工具：

1. Install our chrome extension from here: v1.2.0 BrowserToolsMCP Chrome Extension
   从此处安装我们的Chrome扩展名：v1.2.0 browsertoolsmcp chrome扩展
2. Install the MCP server from this command within your IDE: `npx @agentdeskai/browser-tools-mcp@latest`
   从此命令中安装MCP服务器：npx @agentDeskai/browser-tools-mcp @最新
3. Open a new terminal and run this command: `npx @agentdeskai/browser-tools-server@latest`
   打开一个新的终端并运行此命令：npx @agentDeskai/browser-tools-server @最新

图 5-18　复制红框中的内容（进行配置的部分代码）

```json
{
  "mcpServers": {
    "github.com/AgentDeskAI/browser-tools-mcp": {
      "command": "cmd",
      "args": ["/c", "npx", "-y", "@agentdeskai/browser-tools-mcp@latest"],
      "disabled": false,
      "autoApprove": []
    }
  }
}
```

图 5-19　粘贴上述代码，并且修改调用代码

完成配置后，Browser Tools的安装过程就完成了，系统会显示安装成功的提示（图5-20）。此时，我们可以开始使用Browser Tools提供的各种功能，如元素选择器、网页截图、表单自动填充等。

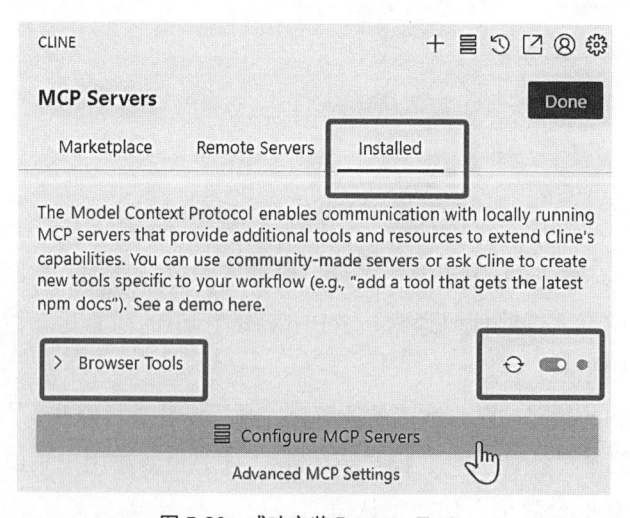

图 5-20　成功安装 Browser Tools

» 步骤2：运行配置命令

为了使Cline插件、爬虫工具和Browser Tools能够协同工作，需要运行一些配置命令进行环境设置。接下来将详细介绍配置命令的运行过程。

首先，打开命令行终端，可以是Windows的命令提示符、PowerShell或Linux/macOS的Terminal。在终端中，输入并运行指定的命令（图5-21）。这些命令通常用于设置环境变量、安装依赖库、启动服务进程等操作。对于不同的操作系统，命令的具体形式可能有所不同，但功能是相似的。

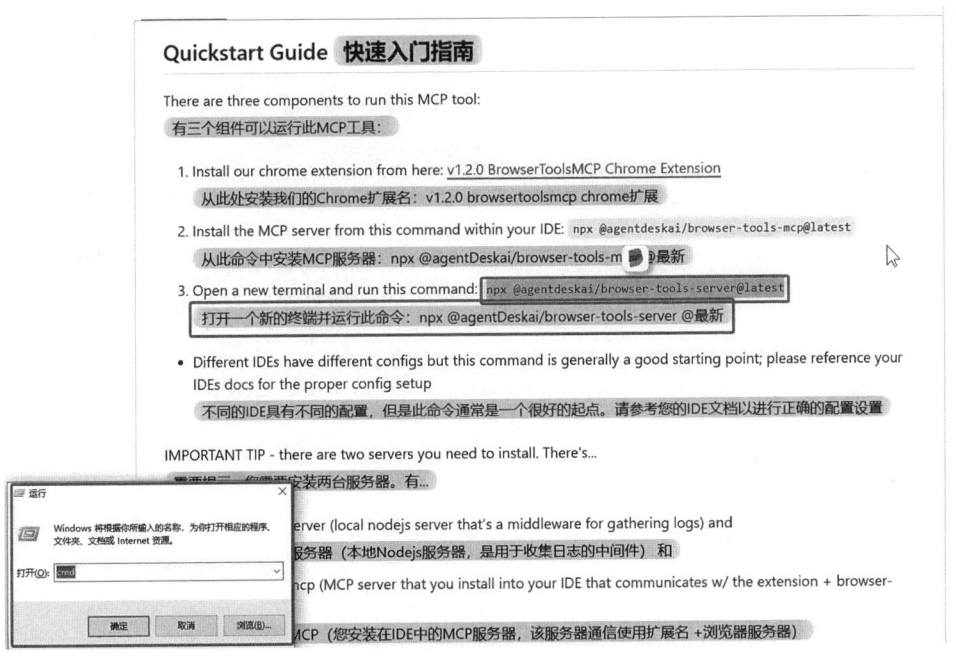

图 5-21 在终端中运行命令

运行命令后，系统会显示执行过程和结果（图5-22）。正常情况下，命令执行完毕后会显示成功的信息，表示配置已经正确应用。如果出现错误提示，需要仔细阅读错误信息，查找出现问题原因并进行修复。常见的问题包括权限不足、依赖库缺失、网络连接问题等。

配置命令的成功执行是保证整个工具链正常工作的关键步骤。这些命令设置了各个组件之间的通信方式、数据交换格式和操作权限，确保信息能够在不同组件之间顺畅流动。对于高级用户，还可以通过修改这些命令来定制工具链的行为，以满足特定的使用需求。

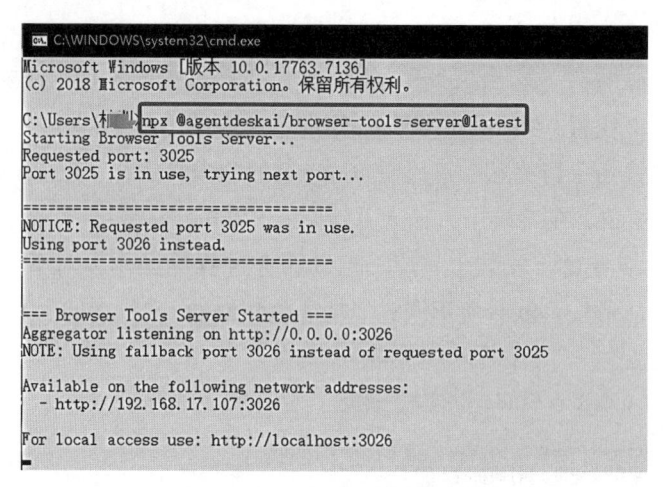

图 5-22 在终端中运行命令并成功

» 步骤3：使用Browser Tools

完成安装和配置后，接下来介绍Browser Tools的基本使用方法。Browser Tools提供了丰富的网页操作功能，能够帮助用户高效地分析和处理网页内容。

首先，打开任意网页，然后在页面上单击鼠标右键，从弹出的快捷菜单中选择"检查"命令（图5-23）。这将打开浏览器的开发者工具面板，在这个面板中可以查看网页的HTML结构、CSS样式、JavaScript代码等信息。

图 5-23 在网页中单击鼠标右键，选择"检查"命令

在开发者工具面板中，能够看到"Browser Tools MCP已开始调试此浏览器"的提示（图5-24）。这表明Browser Tools已经成功加载并激活，可以开始使用其提供的功能。如果没有看到这个提示，可能是Browser Tools安装不正确或者没有正常加载，需要检查安装步骤是否有误。

图 5-24　显示 Browser Tools MCP 已开始调试此浏览器

接下来单击"Done"按钮结束设置过程（图5-25）。此时，Browser Tools的基本设置已经完成，我们可以开始使用其功能进行网页操作和数据提取。

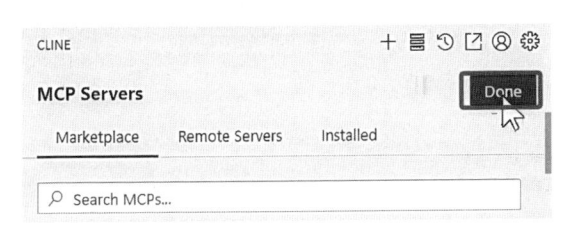

图 5-25　单击 Done 按钮

» 步骤4：抓取数据

为了展示Cline插件与Browser Tools的实际应用效果，下面通过一个具体案例说明如何使用这些工具进行网页元素的选择和信息提取。

首先，在网页中找到并选中需要操作的标签元素（图5-26）。我们可以通过鼠标单击选择，也可以使用Browser Tools提供的元素选择器进行精确定位。选中元素后，系统会高亮显示该元素，并在开发者工具面板中显示该元素的HTML代码。

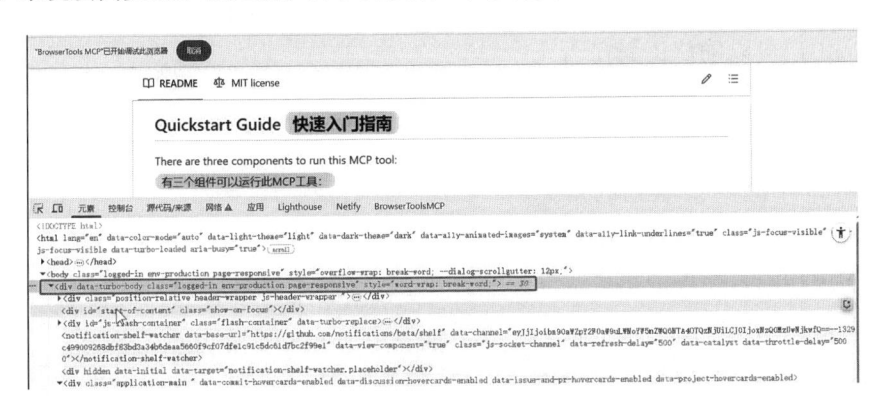

图 5-26　选中要操作的标签元素

101

接下来我们可以向其提出具体的操作需求。例如，询问"在browser-tools服务启动的抓包工具界面中，当前被选中的标签是哪一个"（图5-27）。这个需求可以通过Cline插件的聊天界面发送，Cline会调用Browser Tools和DeepSeek的能力来分析和解答问题。

系统会请求用户接受工具提供的服务（图5-28）。这是一个安全确认步骤，确保用户知晓同一工具即将执行的操作。通常，这个确认窗口会显示操作的具体内容和可能产生的影响，用户可以根据自己的需求决定是否接受。

图 5-27 向工具提出具体的操作需求

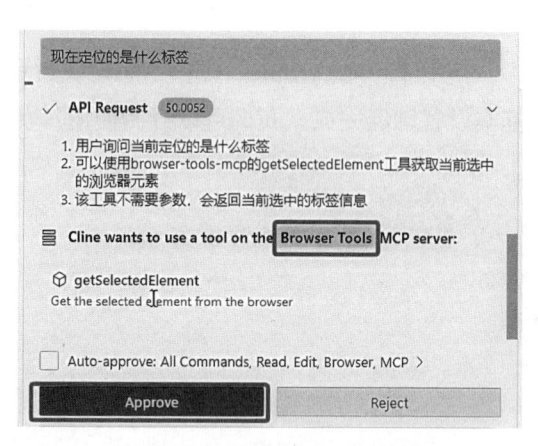

图 5-28 接受工具提供的服务

接受服务后，工具会开始分析网页结构，并显示已定位好的标签信息（图5-29）。这些信息包括标签的类型、属性、内容以及在文档中的位置等。通过这些信息，用户可以确认工具是否正确识别了目标元素。

最后，工具显示任务完成的提示，并提供获取到的信息（图5-30）。这些信息是根据用户的需求从网页中提取出来的，可能包括文本内容、链接地址、图片URL、表格数据等。用户可以复制这些信息并进行后续处

图 5-29 显示定位好的标签信息

理，如保存到文件、导入数据库或作为其他操作的输入。

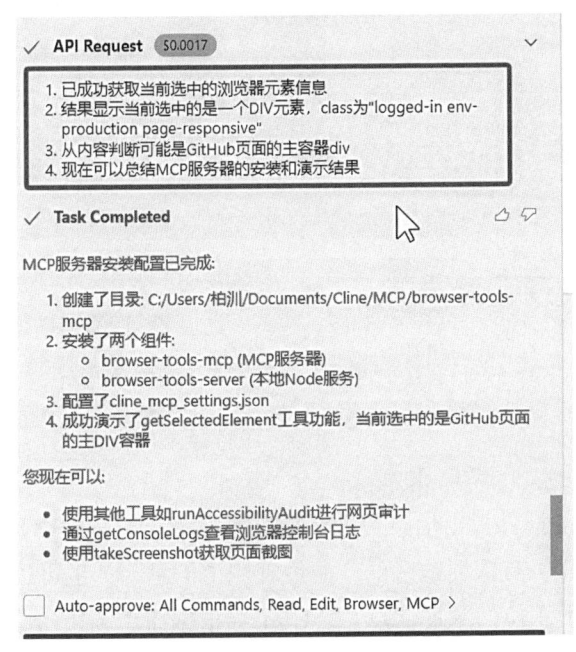

图 5-30　显示完成任务，并提供信息

通过MCP动态任务调度机制，爬虫系统能够实现任务的智能分配与执行，有效应对网站结构变化、流量控制策略调整等情况，保持数据采集的稳定性与效率。同时，这种架构使系统能够根据实际情况动态调整采集策略，避免因单一策略导致的采集失效问题。

5.4　实战案例：招聘信息提取

为了展示Cline插件与Browser Tools在实际应用中的强大功能，下面通过一个具体案例，演示如何从招聘官网提取招聘信息。这个案例具有很强的实践意义，可以帮助求职者高效地获取和分析招聘信息。

» 步骤1：打开目标网站

首先打开招聘官网，并确保浏览器已加载Browser Tools，并且所有组件都处于启用状态（图5-31）。招聘网站包含大量职位信息，是测试自动化数据提取的理想选择。打开网站后，可以先浏览页面结构，了解招聘信息的组织方式，这有助于后续的数据提取操作。

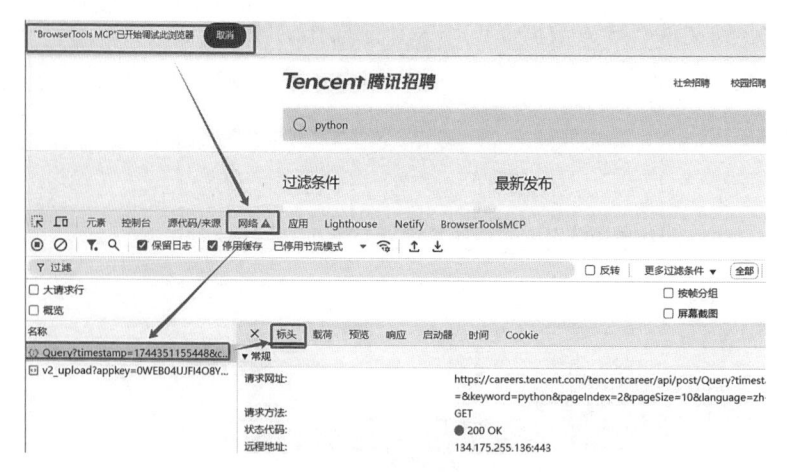

图 5-31　打开招聘官网

» 　步骤2：提出信息提取需求

接下来向Cline插件提出信息提取需求并发送请求（图5-32）。需求可以是具体的，例如"提取所有深圳地区的产品经理职位信息"，也可以是概括的，例如"提取所有技术类职位的基本信息"。Cline会根据需求调用Browser Tools来定位和提取相关信息。

图 5-32　提出需求并发送

» 　步骤3：生成提取计划

Cline收到需求后，会生成一个信息提取计划（图5-33）。这个计划详细描述了工具将执行的操作步骤，包括页面导航、元素定位、数据提取和结果格式化等。我们可以查看这个计划，了解工具的工作方式，也可以在必要时进行调整。

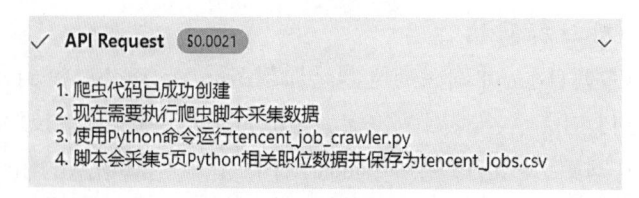

图 5-33　生成信息提取计划

» 步骤4：保存提取结果

提取完成后，工具会生成包含提取结果的文件，用户需要将这些文件保存到本地，以便后续使用（图5-34）。保存文件时，建议使用有意义的文件名，并选择合适的保存位置，方便日后查找和管理。

图5-34　将生成的文件进行保存

» 步骤5：查看提取信息

最后，用户可以查看已提取出来的信息并进行进一步处理（图5-35）。提取的信息通常以结构化的形式呈现，例如表格或JSON格式，方便用户进行筛选、排序和分析。用户可以根据自己的需求对这些数据进行处理，例如筛选出符合特定条件的职位、比较不同职位的薪资水平、统计各地区的职位分布等。

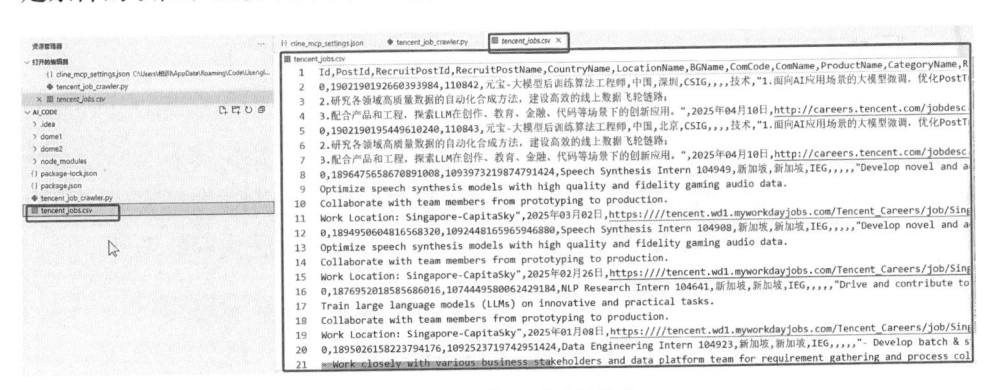

图5-35　查看提取出来的信息

通过这个案例，可以看到Cline插件和Browser Tools在信息提取和处理方面具有强大的能力。这些工具不仅可以应用于招聘信息提取，还可以用于各种网页数据采集场景，如商品价格监控、新闻内容聚合、学术资料收集等，从而大大提高了信息获取和处理的效率。

第 6 章　低代码开发（MCP+Dify）

6.1　实战案例：MCP插件开发指南

MCP插件开发是将各种工具与AI大模型连接的关键环节。通过开发MCP插件，可以让AI模型直接控制各类软件和服务，极大地扩展AI应用的能力边界。接下来将详细介绍MCP插件的开发流程和项目实践。

MCP插件系统允许扩展基础功能，实现与外部服务（如高德地图）的集成。以下是完整的开发流程。

环境准备与基础镜像构建

» 步骤1：构建基础镜像

开发MCP插件首先需要准备适当的环境。

首先需要构建增强基础镜像，由于地方平台默认镜像缺少node.js和npm，需要构建包含这些组件的增强镜像：[镜像构建命令]。此外，用户也可直接使用预构建镜像，避免重复工作。

基础镜像是插件运行的环境基础，需要包含node.js和npm等组件。有两种构建方式。

第一种方式：使用Dockerfile，即打开Cursor编辑器，创建名为Dockerfile的新文件。在文件中输入代码（图6-1），该代码以Dify基础镜像为基础，安装node.js和npm等组件。保存文件后，在终端中执行docker build命令来完成镜像构建。这种方式便于了解镜像的构建过程，适合需要自定义镜像内容的场景。

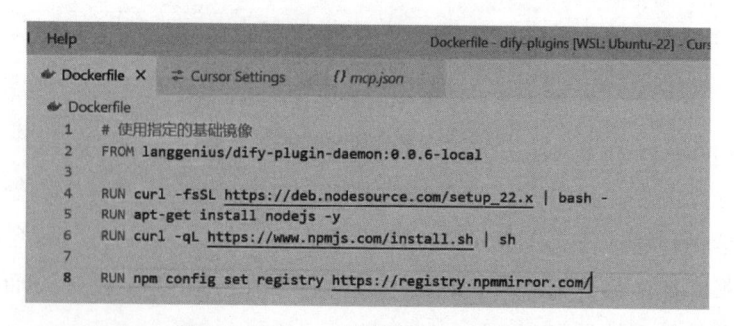

图 6-1　在 Cursor 中新建 Dockerfile 文件

第二种方式：使用终端命令，即打开终端或命令行窗口，直接输入docker命令（图6-2）。执行后系统会自动下载基础镜像并进行构建，完成后会显示构建成功的信息。这种方式操作简单，适合快速部署场景。

```
docker pull tangyoha/dify-plugin:latest
```

图6-2 在终端中执行以上代码

» 步骤2：修改系统配置

在安装插件前需要对系统进行必要的配置，以确保插件能正常加载和运行。

① 修改环境文件：使用Cursor编辑器打开volumes文件夹中的.env文件，找到与签名校验相关的配置项，将其设置为关闭状态（图6-3）。这一步骤是必需的，因为MCP插件可能没有官方签名，关闭校验可避免安装时被拒绝。接下来修改环境文件，修改完成后保存文件。

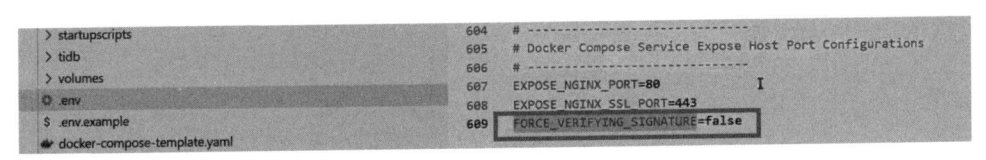

```
> startupscripts                604  #  ------------------------------
> tidb                          605  # Docker Compose Service Expose Host Port Configurations
> volumes                       606  #  ------------------------------
○ .env                          607  EXPOSE_NGINX_PORT=80
$ .env.example                  608  EXPOSE_NGINX_SSL_PORT=443
○ docker-compose-template.yaml  609  FORCE_VERIFYING_SIGNATURE=false
```

图6-3 关闭签名校验

② 修改Docker Compose配置：根据镜像构建方式，需要修改docker-compose配置。打开项目中的docker-compose.yaml文件，定位到plugin_daemon服务配置部分，将原有镜像设置替换为dify-plugin:latest（与Dockerfile构建的镜像名称一致）（图6-4），确认无误后保存文件。

```
plugin_daemon:
    image: dify-plugin:latest
```

图6-4 修改 Docker Compose 配置（1）

类似地，在docker-compose.yaml文件中更新plugin_daemon服务的镜像配置（图6-5），使用图6-2中命令行构建的镜像名称。完成编辑后保存文件，以便后续重启服务。

```
tangyoha/dify-plugin:latest
```

图6-5 修改 Docker Compose 配置（2）

打开终端，导航到项目根目录，执行如图6-6所示的重启命令。等待所有服务容器重新启动完成，通过日志确认服务状态正常。重启过程可能需要几分钟时间，耐心等待，直至所有服务就绪。

```
docker-compose down
docker-compose up -d
```

图 6-6　重启 Dify 服务

» 步骤3：安装MCP插件

完成环境配置后，接下来安装MCP插件组件。打开浏览器访问GitHub网站，搜索并进入dify-mcp-client项目仓库（图6-7）。单击Code下拉按钮，选择Download ZIP选项，下载插件源码压缩包。将下载的ZIP文件保存到易于访问的本地目录。

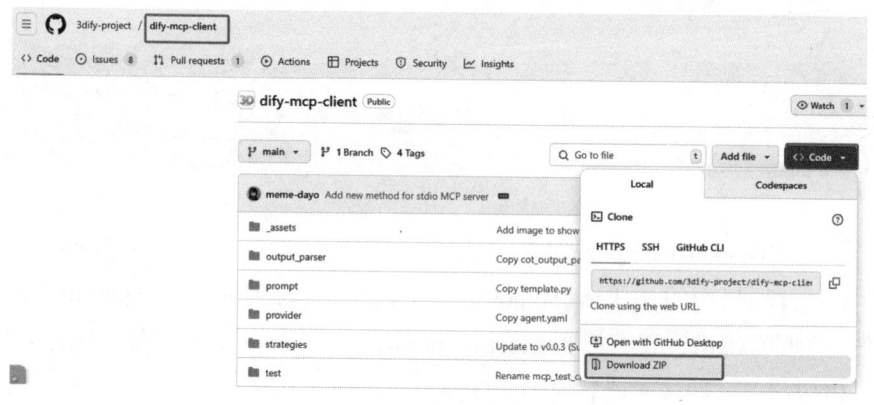

图 6-7　进入 dify-mcp-client 项目仓库

登录Dify平台管理界面，导航至插件管理界面（图6-8）。在插件管理界面中单击"安装插件"下的"本地插件"按钮，系统会打开文件选择对话框。

图 6-8　插件管理界面

在文件选择对话框中导航到之前下载的dify-mcp-client压缩包所在的位置（图6-9），选中文件并单击"打开"按钮，系统开始上传并安装插件。

图6-9　选择下载后的压缩包

上传完成后，系统自动解析并安装插件。成功安装后会显示确认信息（图6-10），插件会出现在已安装插件列表中，状态显示为已启用。

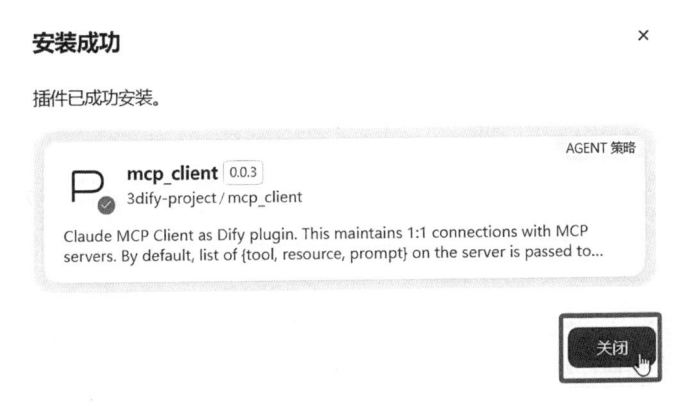

图6-10　安装成功

» 步骤4：申请高德地图API

MCP插件需要配合外部服务使用，这里以高德地图API为例。打开浏览器，访问高德地图开发者平台（图6-11），进入MCP服务入门指南页面。该页面提供了API申请和使用的详细指南。

图6-11　进入高德地图开发者平台

单击页面中的"登录控制台"按钮，使用已有账号登录或注册新账号（图6-12）。若是首次使用，需要完成开发者认证，按照页面提示填写相关信息。

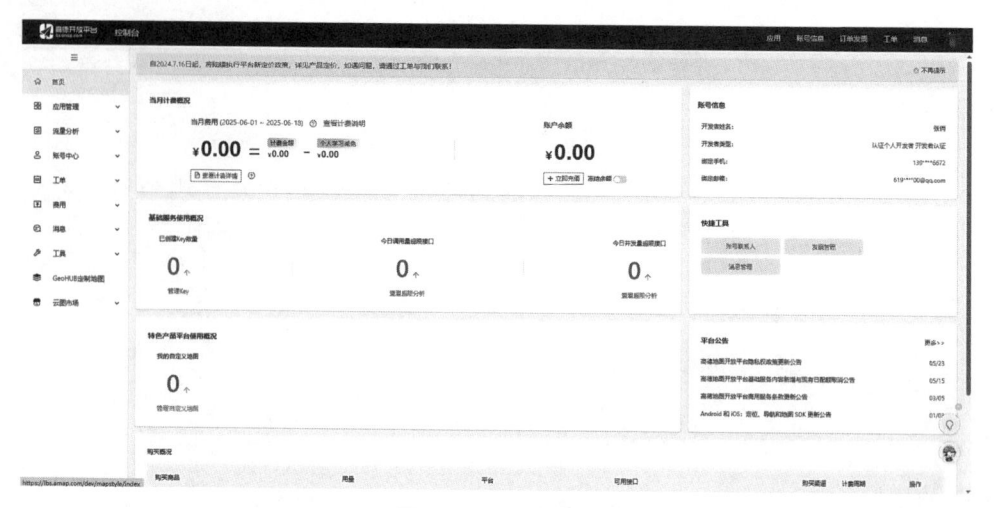

图6-12 登录控制台

选择"应用管理"选项，单击页面右上角的"创建新应用"按钮，在弹出的对话框中填写相关信息即可创建新的应用（图6-13）。

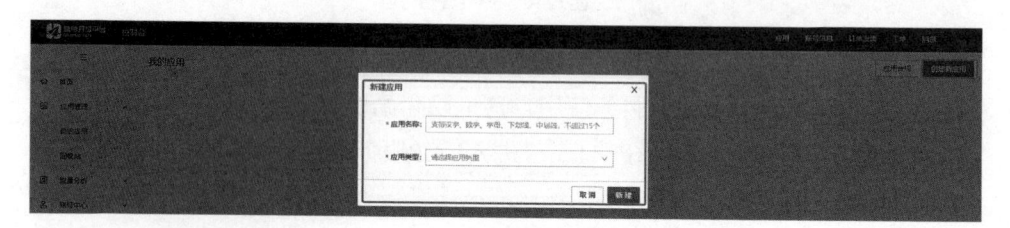

图6-13 创建新应用

应用创建成功后，单击"添加Key"按钮，在"服务平台"选项组中选择"Web服务"单选按钮，填写其他必要信息后提交（图6-14）。

Key创建成功后，系统显示API Key和安全密钥信息。单击"复制"按钮获取完整Key信息，并将其保存到安全位置，在后续配置中会使用这些信息。创建成功后，可获取Key和安全密钥（图6-15）。

Dify工作流引擎通过直观的可视化界面和强大的MCP集成能力，使开发者能够快速构建复杂的AI应用，显著降低开发门槛，提高开发效率。

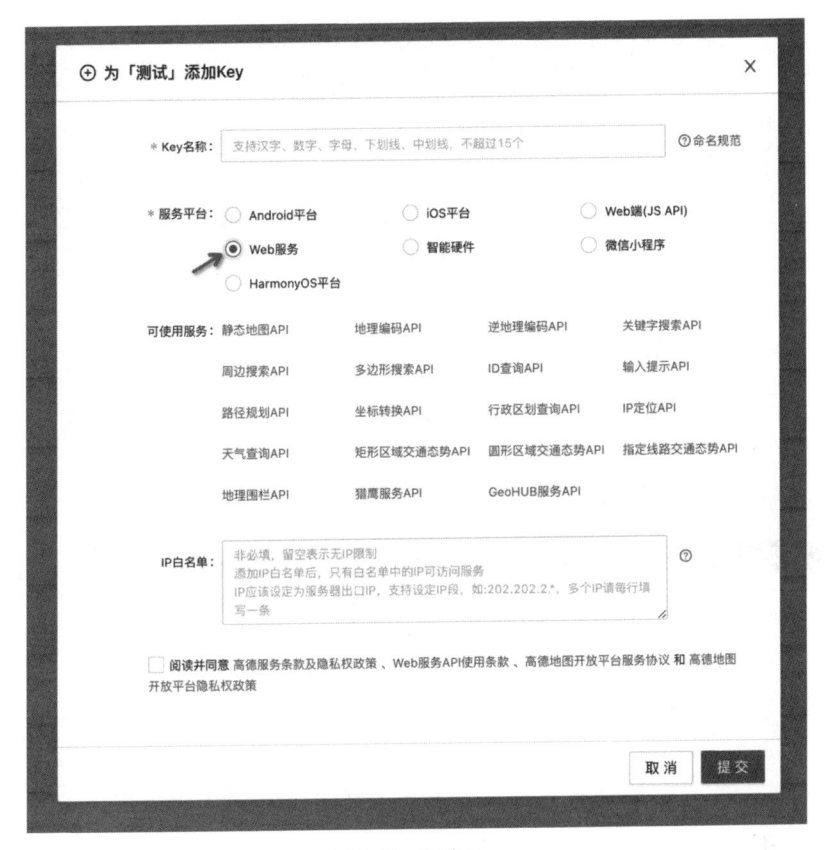

图 6-14　创建 Key

图 6-15　获取 Key

6.2　实战案例：Dify 工作流引擎应用

  Dify 作为一款开源的 AI 应用开发平台，其工作流引擎是实现低代码 AI 应用开发的核心组件。该引擎基于工作流范式，通过可视化界面将复杂的 AI 应用逻辑转化为可配置的流程，大幅降低了 AI 应用开发的技术门槛。

  Dify 作为一种低代码开发平台，其工作流引擎是构建本地应用的核心。工作流引擎通过节点连接和数据流转，实现了对复杂功能的可视化编排。

  Dify 依赖这些工具进行容器化部署，以简化环境变量配置及依赖管理。接着克隆Dify的代码库，进入项目目录。在此目录下，用户可以根据项目文档或README（自述文件）中提供的具体命令来配置环境变量，以确保所有的服务均能按照预期方式运行。此外，用户还需要配置防火墙规则，开放必要的端口以确保Dify服务对外部请求的可访问性。完成配置后，通过启动脚本启动Dify服务，我们需要密切关注启动过程中的日志输出，以便迅速捕获任何可能的问题并及时解决。最后，可以通过在浏览器中访问指定的IP地址或域名来验证部署是否成功。确保所有组件及模块都能正常运行后，部署过程才算完成。

接下来详细讲解操作方法。

» 步骤1：下载Dify

从GitHub中获取Dify发行包（当前稳定版为v0.6.3）（图6-16）并下载（图6-17），解压至D:\AI_Platform\dify目录。

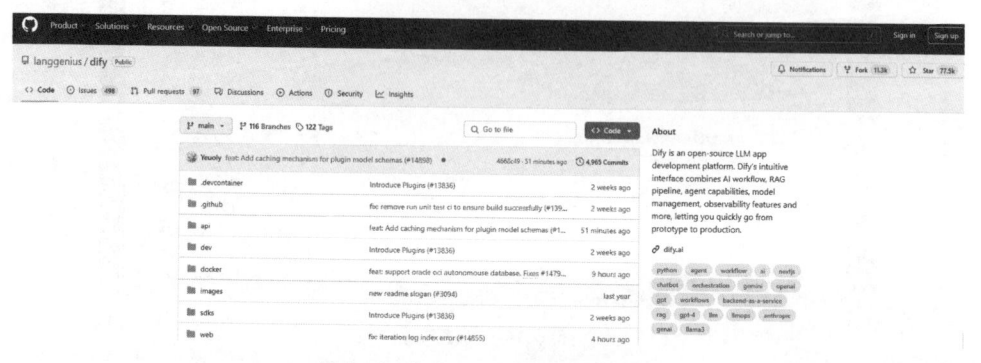

图6-16 在GitHub选择Dify发行包

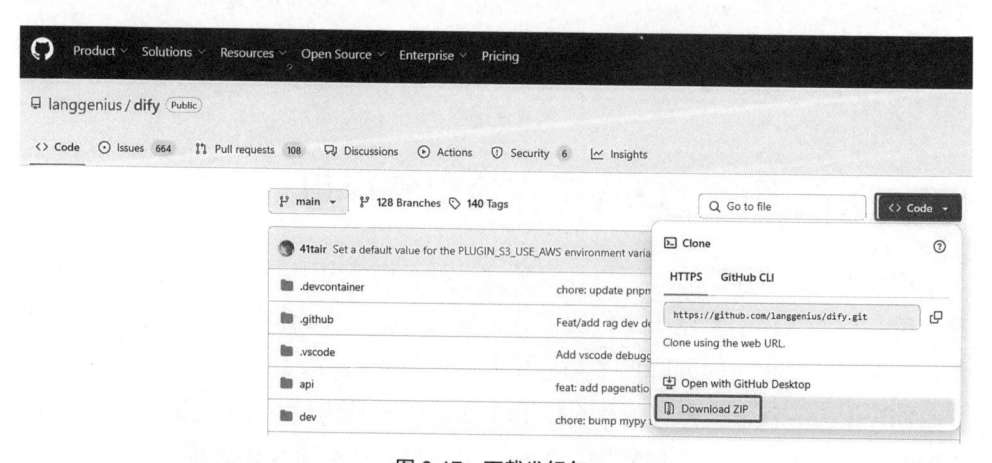

图6-17 下载发行包

第6章 低代码开发（MCP+Dify）

» 步骤2：安装并解压Dify

在docker文件夹中找到.env.example文件（图6-18），重命名为.env（图6-19），并用记事本程序打开文件，最后添加配置代码（图6-20）并保存。

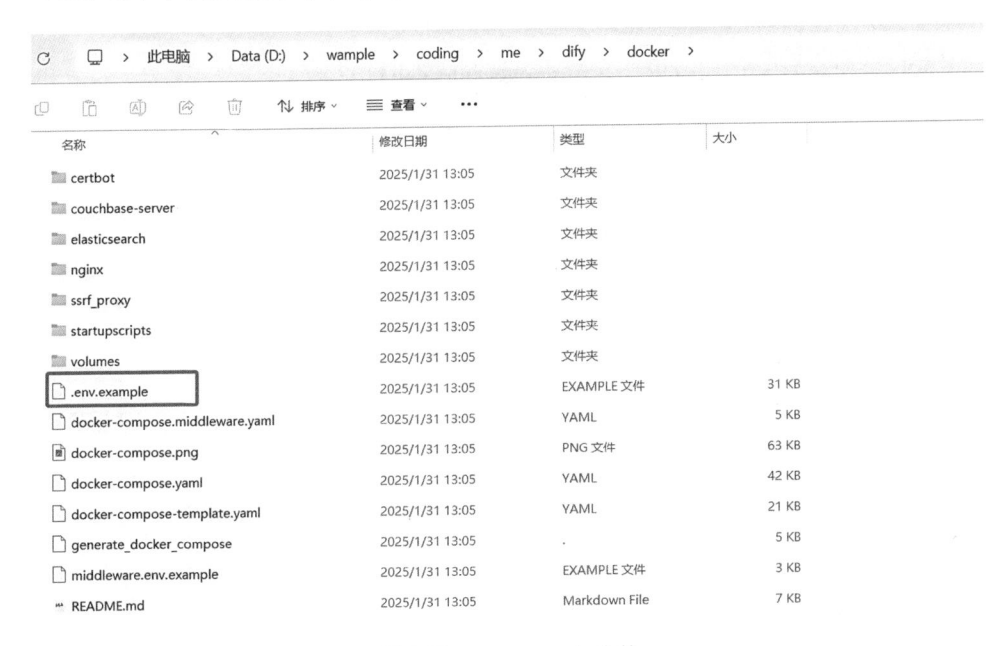

名称	修改日期	类型	大小
certbot	2025/1/31 13:05	文件夹	
couchbase-server	2025/1/31 13:05	文件夹	
elasticsearch	2025/1/31 13:05	文件夹	
nginx	2025/1/31 13:05	文件夹	
ssrf_proxy	2025/1/31 13:05	文件夹	
startupscripts	2025/1/31 13:05	文件夹	
volumes	2025/1/31 13:05	文件夹	
.env.example	2025/1/31 13:05	EXAMPLE 文件	31 KB
docker-compose.middleware.yaml	2025/1/31 13:05	YAML	5 KB
docker-compose.png	2025/1/31 13:05	PNG 文件	63 KB
docker-compose.yaml	2025/1/31 13:05	YAML	42 KB
docker-compose-template.yaml	2025/1/31 13:05	YAML	21 KB
generate_docker_compose	2025/1/31 13:05	.	5 KB
middleware.env.example	2025/1/31 13:05	EXAMPLE 文件	3 KB
README.md	2025/1/31 13:05	Markdown File	7 KB

图 6-18　.env.example 文件

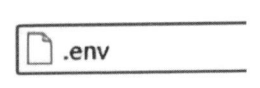

图 6-19　重命名

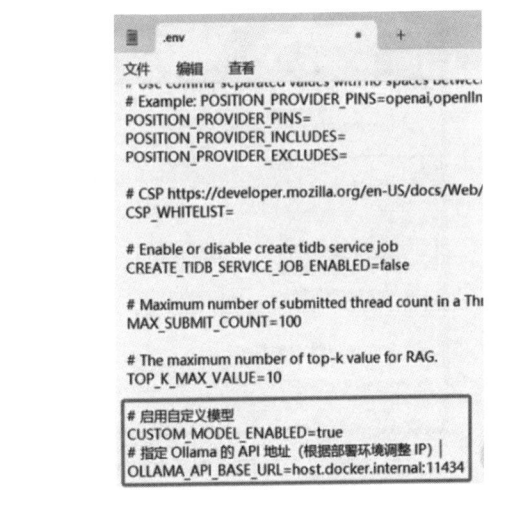

图 6-20　增加配置代码

113

增加的配置代码示例如下。

#启用自定义模型
CUSTOM_MODEL_ENABLED=true
#指定Ollama的API地址（根据部署环境调整IP）
OLLAMA API BASE URL=host.docker.internal:11434

下面在docker中搜索Dify镜像并下载。在搜索栏中搜索dify，选择所需镜像后单击下载按钮（图6-21），等待下载完成。

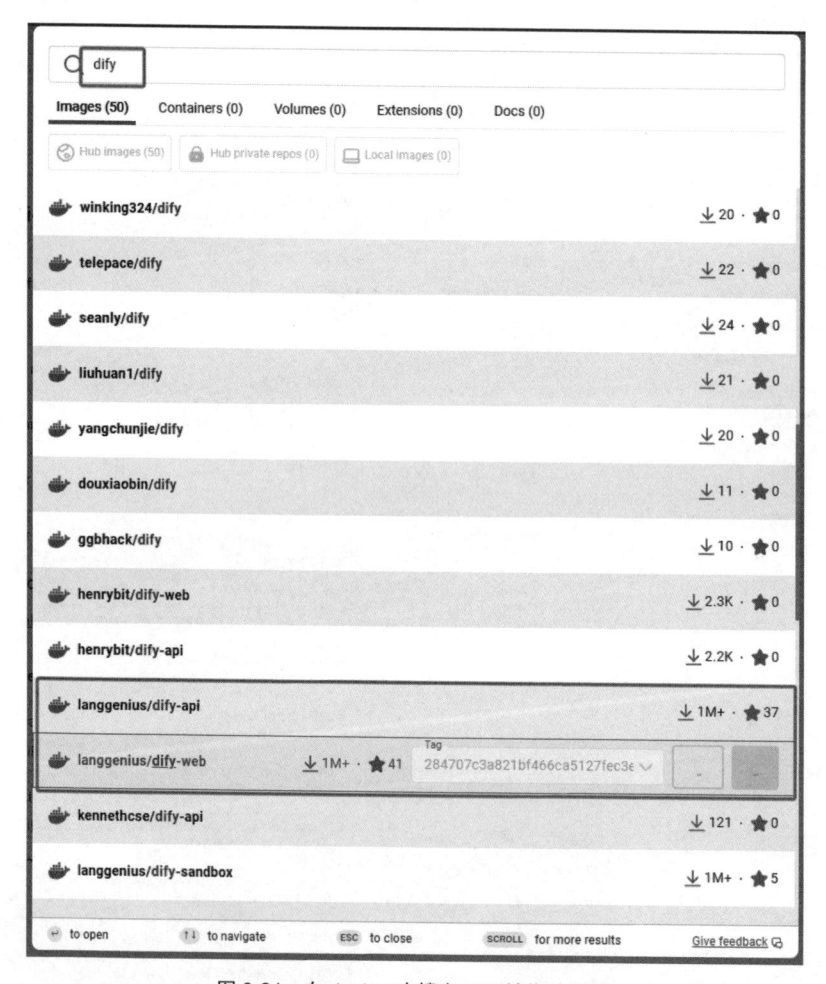

图 6-21　在 docker 中搜索 Dify 镜像并下载

在终端启动后，输入命令"docker compose up -d"，然后按Enter键，继续下载Dify环境。至此，Dify依赖的环境已经安装完成（图6-22）。

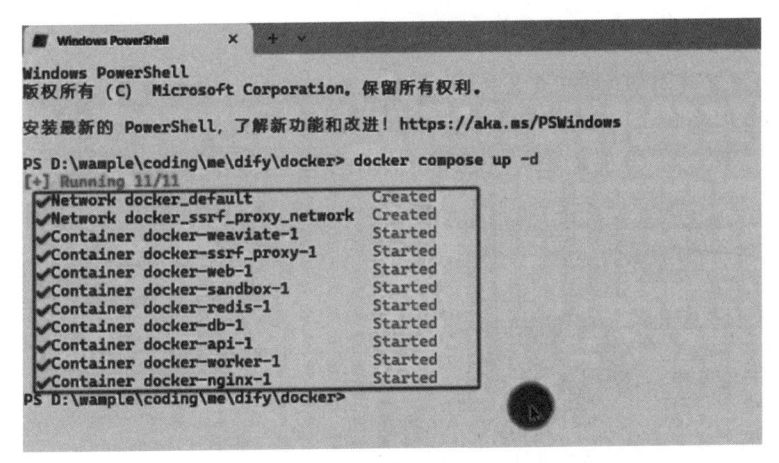

图 6-22　Dify 环境安装

» 步骤3：登录账号

进入Dify官网进行注册（图6-23）或登录（图6-24）。

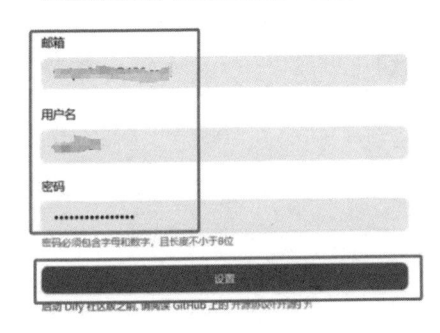

图 6-23　注册管理员账号　　　　图 6-24　登录 Dify

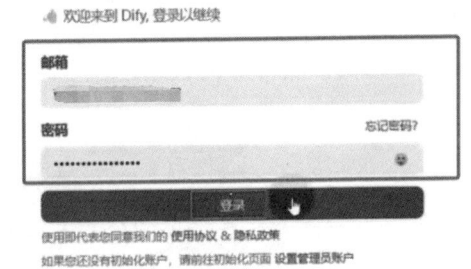

通过以上操作步骤就完成了Dify的本地部署。通过对以上内容的学习，我们不仅掌握了如何在本地环境中运行这一强大的工具，还能借此深刻理解其背后的技术原理。

工作流主要由输入节点、处理节点和输出节点组成，形成完整的数据处理链路，接下来我们来学习如何创建工作流。

- 输入节点：接收用户查询和指令。

- 处理节点：执行AI推理和外部服务调用。
- 输出节点：格式化结果并返回给用户。

» 步骤4：大模型配置

工作流需要配置大模型作为核心推理引擎，下面以硅基流动平台为例进行介绍。打开浏览器，访问硅基流动AI平台官网（图6-25）。单击页面中的"注册/登录"按钮，进入注册流程。填写注册表单并提交，完成账号的创建。

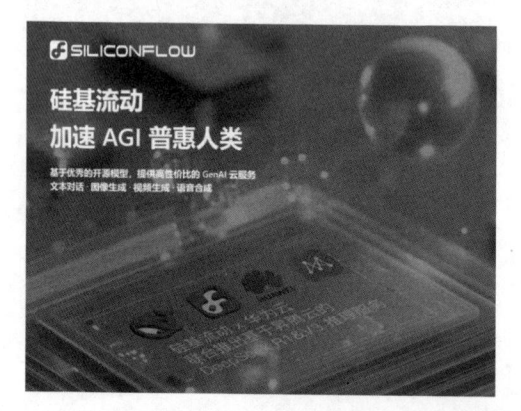

图 6-25 打开硅基流动 AI 平台官网进行注册

成功注册并登录后，进入用户控制面板。选择左侧导航栏中的"API密钥"选项，然后单击页面中的"新建API密钥"按钮（见图6-26）。系统会弹出密钥创建对话框，填写密钥名称等信息后提交。

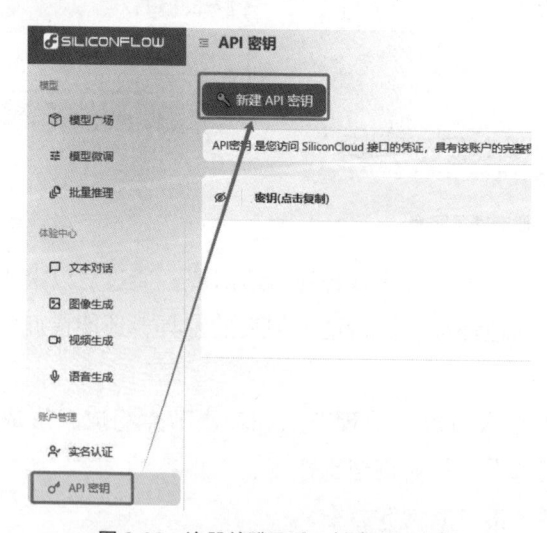

图 6-26 注册并登录后，创建 API 密钥

密钥创建成功后，系统显示完整的API密钥信息（图6-27）。单击"复制"按钮获取密钥文本，并将其保存在安全位置。这是唯一能查看完整密钥的机会，请务必妥善保存。

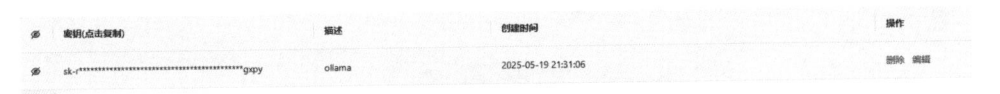

图 6-27　创建后的 API 密钥

打开浏览器，访问Dify平台地址。输入账号和密码登录系统，进入主界面后选择"设置"选项（图6-28），准备配置模型。

在"设置"界面，选择"模型供应商"选项（图6-29）。在搜索框中输入"硅基流动"进行搜索。如果直接搜索未找到结果，则进入Dify市场进行搜索。

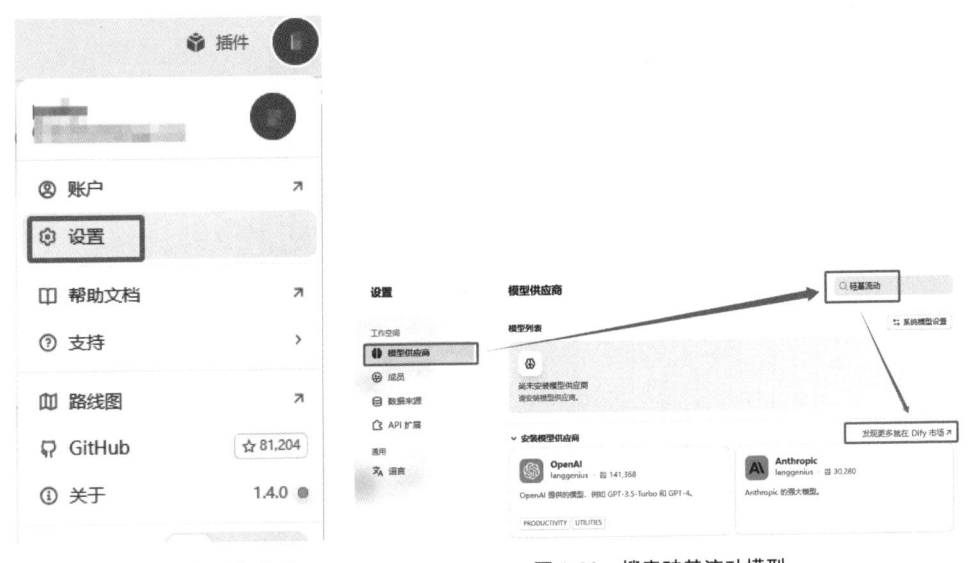

图 6-28　选择"设置"选项　　　　图 6-29　搜索硅基流动模型

在Dify市场中找到硅基流动模型后，单击"安装"按钮（图6-30）。在弹出的确认对话框中单击"安装"按钮，等待系统完成安装过程。

安装完成后，返回模型供应商页面，可以看到硅基流动模型已出现在列表中（图6-31），但状态为"待配置"，需要继续设置API密钥。

在模型列表中，找到硅基流动模型，单击右侧的"设置"按钮（图6-32），进入模型配置界面。

图 6-30　找到并安装硅基流动模型

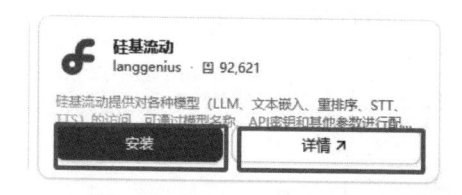

图 6-31　安装完成后，模型显示在供应商列表中

图 6-32　单击进行设置

在配置界面的 API Key 输入框中，粘贴之前保存的硅基流动 API 密钥（图 6-33）。确认信息无误后单击"保存"按钮，系统会验证密钥的有效性并保存配置。

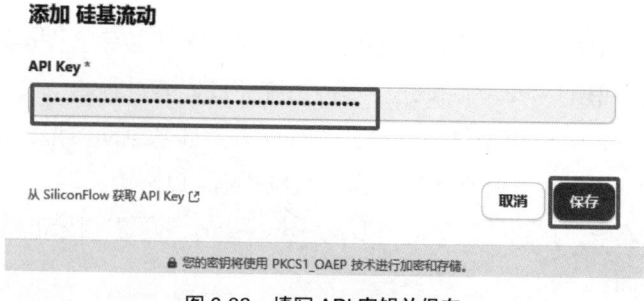

图 6-33　填写 API 密钥并保存

» 步骤5：创建工作流

完成基础配置后，接下来创建实际的工作流应用。单击 Dify 平台上方的"工作室"按钮，进入应用管理页面。在页面中单击"创建空白应用"按钮（图 6-34），开始创建新应用（图 6-35）。

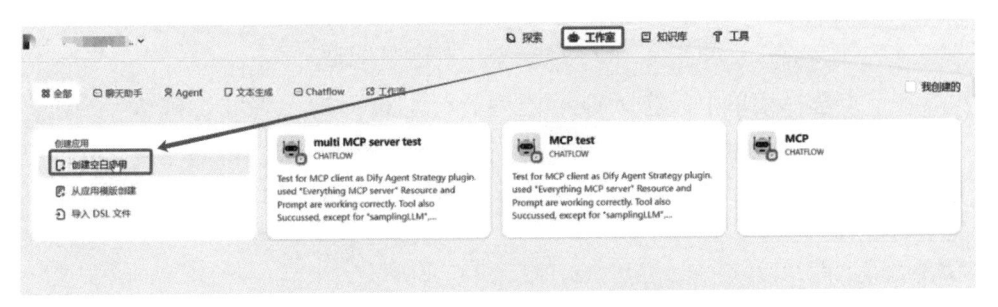

图 6-34　创建空白应用

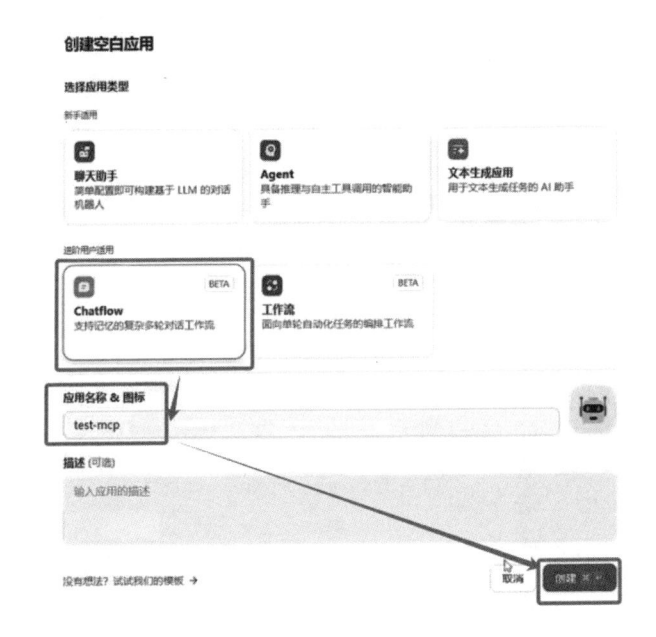

图 6-35　创建空白工作流

此时，系统显示空白工作流创建界面，包含默认的节点结构。这个界面是工作流设计的主要区域，可以在此添加和配置各种节点。

首先选中默认的大模型节点，单击删除按钮将其移除（图6-36）。然后单击节点连接线上的"+"按钮，打开节点选择菜单。

MCP 全场景应用与跨平台调用：Cursor+Blender+DeepSeek+Dify+Qwen3

图 6-36 删除大模型节点，准备添加 Agent 节点

在节点选择菜单中，选择 Agent 类型节点（图 6-37），单击"确认"按钮将其添加到工作流中。Agent 节点是支持工具调用的高级节点，能够实现与外部服务的交互功能。

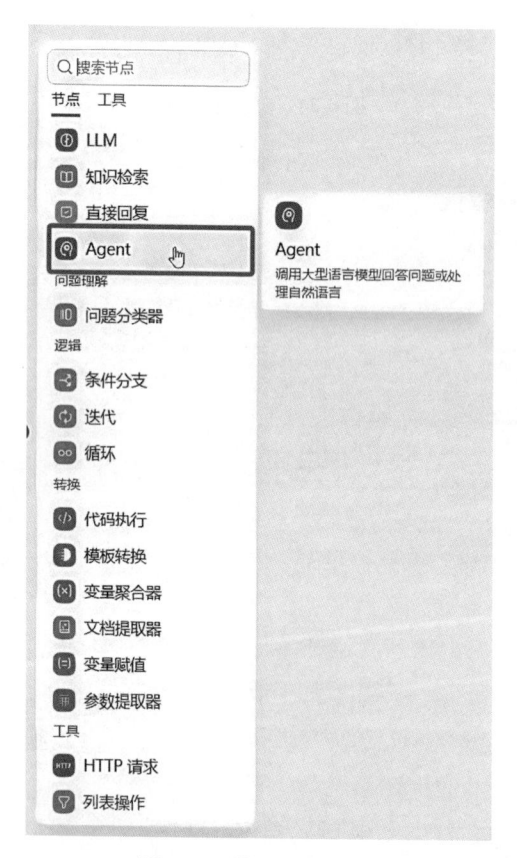

图 6-37 添加 Agent 节点

选择 Agent 节点表示将以智能代理模式运行，在 Agent 节点配置面板中，选择之前配置好的硅基流动模型作为推理引擎，并设置 Agent 策略和模型（图 6-38）。

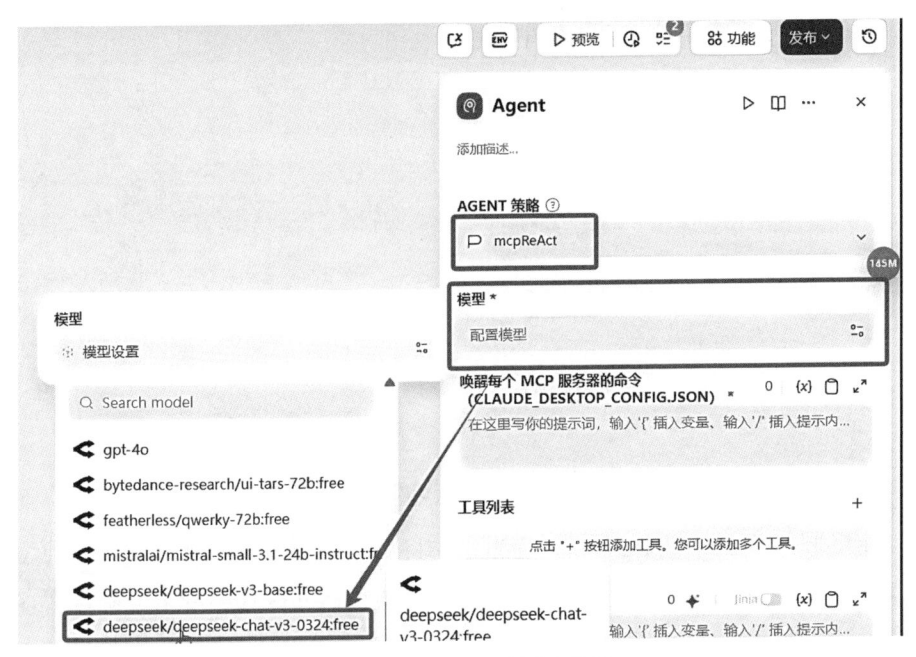

图6-38　设置Agent策略和模型

在Agent节点配置区域，找到MCP服务配置部分，准备输入服务调用命令（图6-39）。服务调用命令定义了如何调用外部MCP服务。

图6-39　准备输入MCP服务调用命令

MCP服务调用命令详见图6-40中的示例代码，复制完整的MCP服务命令调用代码，粘贴到图6-39中的输入框内。这段代码定义了与高德地图服务通信的方式和参数结构。

```
{
    "mcpServers": {
        "amap-maps": {
            "command": "npx",
            "args": [
                "-y",
                "@amap/amap-maps-mcp-server"
            ],
            "env": {
                "AMAP_MAPS_API_KEY": "您在高德官网上申请的key"
            }
        }
    }
}
```

图 6-40 MCP 服务调用命令复制

在复制的代码中找到环境变量部分，将高德地图API密钥填入对应的位置（图6-41）。这样Agent节点就能使用正确的密钥访问高德服务了。确认无误后保存设置。

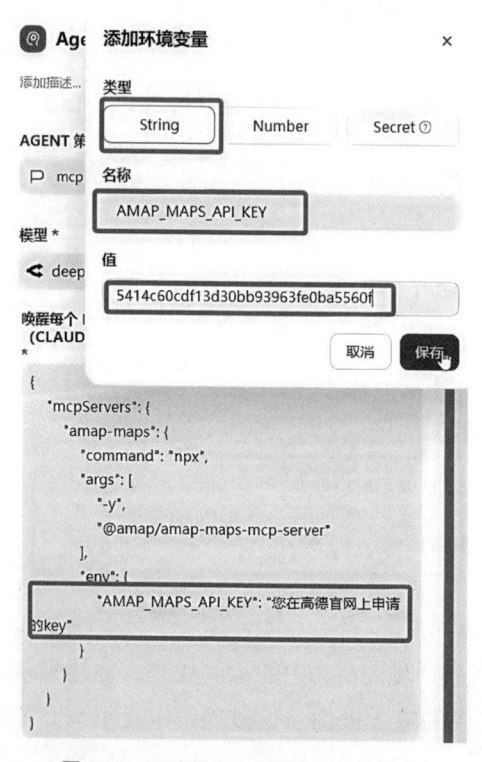

图 6-41 更改代码中的环境变量并保存

配置Agent节点的工具列表，以确保包含地图服务工具（图6-42）。设置指令内容，主要是明确告知Agent如何使用工具；配置查询参数，主要是确定如何处理用户输入的内容。

图 6-42　设置工具列表、指令、查询

在回复设置区域，选择"直接回复"选项，表示系统将直接使用处理结果回复用户（图6-43）。从下拉表中选择"AGENT"作为回复源，确保使用Agent节点的输出作为最终回复内容。

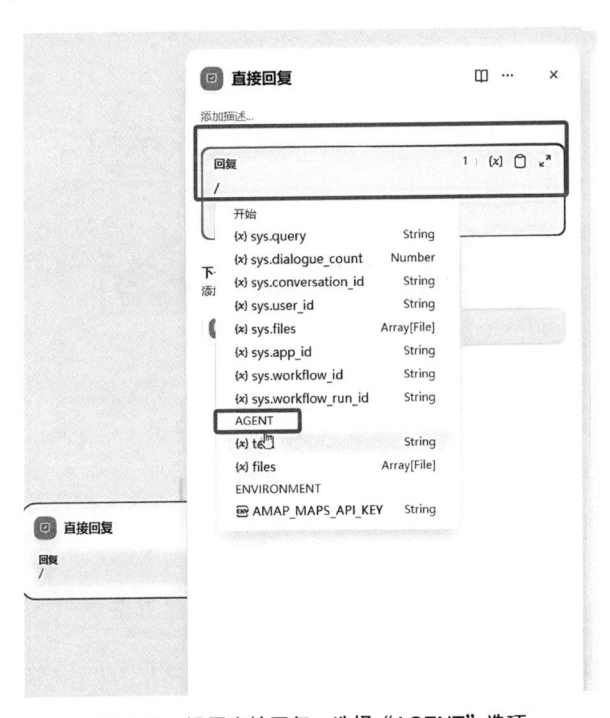

图 6-43　设置直接回复，选择"AGENT"选项

123

找到迭代次数设置选项，即最大迭代次数，将滑块拖动到最大值的位置（图6-44）。较大的迭代次数能确保Agent有足够的思考轮次来处理复杂的问题，从而提高回答质量。

图 6-44　设置"最大迭代次数"为最大值

完成所有配置后，单击页面上方的"发布"按钮。在弹出的确认对话框中单击"发布更新"，等待系统完成发布流程（图6-45）。发布后的工作流可以接收用户请求并提供服务。

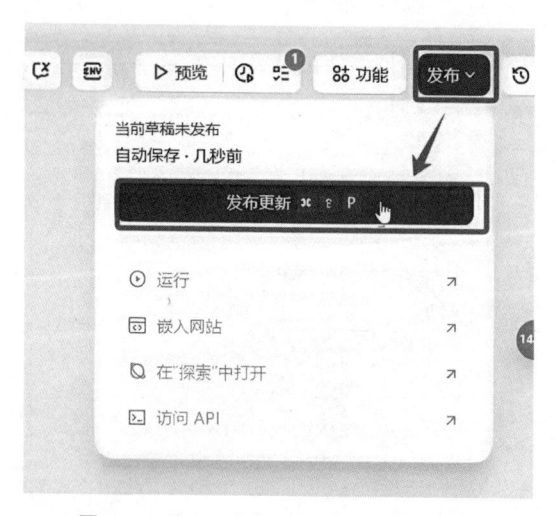

图 6-45　单击"发布"和"发布更新"按钮

通过以上详细步骤，成功实现了基于MCP插件的Dify应用开发全流程。这种低代码开发方式极大地简化了开发过程，使非专业开发人员也能构建功能强大的智能应用。MCP插件架构的优势在于可扩展性强，能够方便地集成各种外部服务，满足多样化应用场景的需求。

6.3 实战案例：智能策划旅游攻略

接下来将详细讲解如何使用配置好的Dify工作流引擎和MCP插件来实现智能策划旅游攻略的流程。

» 步骤1：启动Dify提出需求

在Dify平台的应用管理页面，找到上一节发布的应用，单击"启动"按钮，使应用进入运行状态。此时，该应用已经具备了接收用户请求并智能生成旅游攻略的能力。

用户可以通过Dify平台的聊天界面或集成到第三方平台的聊天机器人与旅游攻略智能体进行交互。例如，用户输入"我想去北京旅游，帮我规划一下行程"，应用将立即开始处理请求。

» 步骤2：接收需求，调用MCP

应用内部的工作流引擎将接收到的用户请求传递给配置好的Agent节点。Agent节点根据预设的指令和工具列表，调用高德地图MCP来获取相关的旅游信息，如景点位置、交通方式、住宿推荐等。

» 步骤3：收集数据并生成攻略

在获取到足够的信息后，Agent节点将利用硅基流动模型进行推理和分析，根据用户的偏好和需求，智能地生成一份详细的旅游攻略。这份攻略将包括行程安排、景点推荐、交通指南、住宿建议等内容，为用户提供全方位的旅游指导。

最后，应用将生成的旅游攻略通过聊天界面返回给用户。用户可以根据自己的实际情况对攻略进行调整和优化，以确保行程顺利进行。

通过以上步骤可以看到，基于Dify工作流引擎和MCP插件的智能旅游攻略智能体能够为用户提供高效、便捷、个性化的旅游规划服务。这种低代码开发方式不仅简化了开发过程，还提高了应用的可扩展性和灵活性，为智能应用的开发提供了更多的可能性。

» 步骤4：测试智能体效果

发布工作流后，进行实际测试和功能验证。

在对话界面输入测试需求："请为我安排一个舒适的成都一日游行程，并注意结合当地的天气情况。"单击"发送"按钮提交请求。这个问题既需要旅游知识，又需要实时天气信息，非常适合测试外部服务调用功能（图6-46）。

图 6-46　准备输入需求

系统处理完成后会显示生成的旅游行程规划。结果内容包含基于当地实时天气情况的行程安排、景点介绍、交通建议和餐饮推荐等完整信息（图6-47）。从结果可以看出，系统成功调用了高德地图服务获取天气数据，并结合AI技术生成了合理的行程规划。

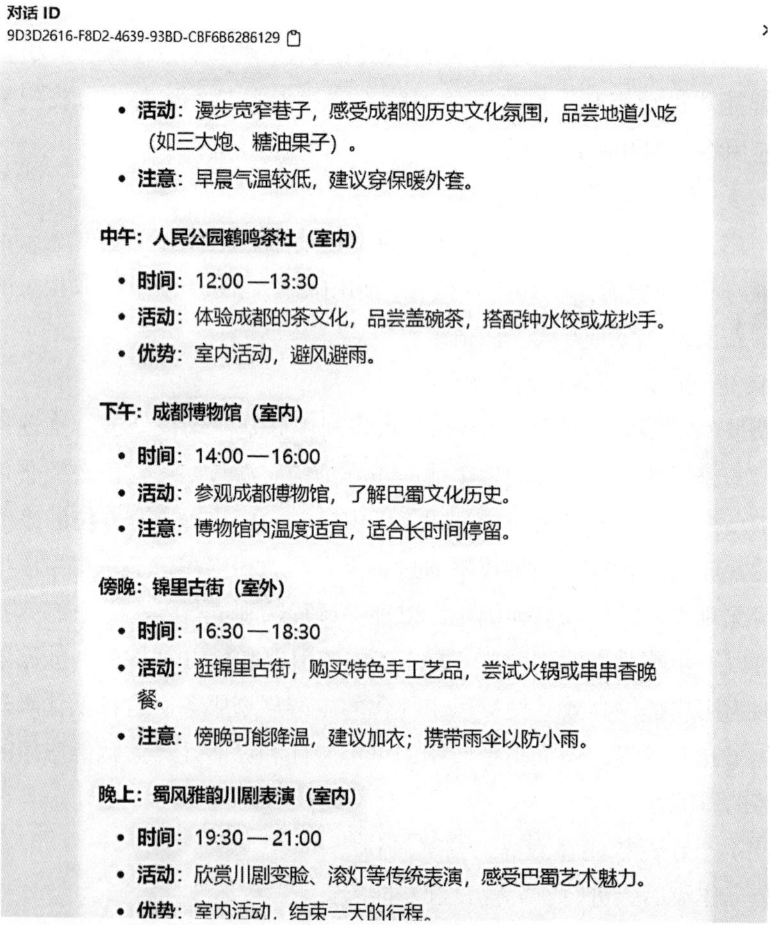

对话 ID
9D3D2616-F8D2-4639-93BD-CBF6B6286129

- **活动**：漫步宽窄巷子，感受成都的历史文化氛围，品尝地道小吃（如三大炮、糖油果子）。
- **注意**：早晨气温较低，建议穿保暖外套。

中午：人民公园鹤鸣茶社（室内）

- **时间**：12:00—13:30
- **活动**：体验成都的茶文化，品尝盖碗茶，搭配钟水饺或龙抄手。
- **优势**：室内活动，避风避雨。

下午：成都博物馆（室内）

- **时间**：14:00—16:00
- **活动**：参观成都博物馆，了解巴蜀文化历史。
- **注意**：博物馆内温度适宜，适合长时间停留。

傍晚：锦里古街（室外）

- **时间**：16:30—18:30
- **活动**：逛锦里古街，购买特色手工艺品，尝试火锅或串串香晚餐。
- **注意**：傍晚可能降温，建议加衣；携带雨伞以防小雨。

晚上：蜀风雅韵川剧表演（室内）

- **时间**：19:30—21:00
- **活动**：欣赏川剧变脸、滚灯等传统表演，感受巴蜀艺术魅力。
- **优势**：室内活动，结束一天的行程。

图 6-47　生成的最终结果

仔细观察生成的旅游行程规划，可以发现几个亮点。首先，行程安排充分考虑了成都的景点分布和交通状况，确保用户在有限的一天时间内能够尽可能多地游览重要景点。其次，系统根据实时天气情况对行程进行了调整，比如在雨天推荐室内活动，晴天则更多地安排户外活动，这样的设计提升了用户体验。此外，行程中还包括餐饮推荐，这些推荐不仅考虑了当地特色，还结合了用户的口味偏好，使得整个行程更加贴心和周到。

为了进一步验证系统的稳定性和准确性，我们可以进行多次测试，每次输入不同的旅游需求和偏好。例如，可以尝试输入"请为我规划一个适合亲子游的上海两日游行程，并推荐一些适合儿童的餐厅"；或者"我想在厦门度过一个浪漫的周末，请帮我安排一下行程，并考虑住宿的选择"。通过这些测试，我们可以更全面地了解系统的功能和性能，以便后续优化和改进。

在实际应用中，这种智能旅游攻略智能体可以大大减轻用户的规划负担，提升旅游体验。用户只需输入自己的需求和偏好，系统就能自动生成一份详细的旅游攻略，包括行程安排、景点推荐、交通指南、住宿建议和餐饮推荐等内容。这款智能体不仅适用于个人旅游规划，还可被广泛应用于旅行社、在线旅游平台等企业用户，为更多的用户提供智能化、个性化的旅游服务。

此外，这种智能旅游攻略智能体还具有很高的灵活性和可扩展性。随着旅游市场的不断变化和用户需求的日益多样化，开发者可以轻松地通过更新工作流配置和集成新的外部服务来优化应用的功能和性能。例如，可以集成更多的旅游相关服务，如航班查询、酒店预订、租车服务等，以提供更全面的旅游服务。同时，也可以根据用户的反馈和需求，不断优化AI推理模型和指令设置，提高应用的智能水平和用户体验。

总之，基于Dify工作流引擎和MCP插件的智能旅游攻略智能体为用户提供了高效、便捷、个性化的旅游规划服务，具有很高的实用价值和市场前景。通过不断优化和扩展应用的功能和性能，它可以为用户提供更加智能化、个性化的旅游服务，推动旅游行业的数字化转型和智能化升级。

第 7 章　智能数据分析与可视化系统（MCP+Qwen3）

7.1　Qwen3+MCP数据分析框架原理

Qwen3+MCP数据分析框架融合了大型语言模型的智能推理能力与模块化控制程序的操作灵活性，构建了一种全新的智能数据分析范式。此框架基于两大核心组件协同工作。Qwen3负责理解用户意图、进行数据结构分析与洞察生成，MCP负责执行具体的文件操作、数据处理与可视化渲染任务。

在架构设计上，该框架采用了分层结构：底层为MCP服务集群，包括文件操作、Excel数据处理、思维链推理和图表生成等功能模块；中层为Qwen3大模型提供的理解与推理层，负责解析用户需求、规划分析流程、解读数据意义；顶层为用户交互界面，提供自然语言指令输入与输出展示功能。

工作流程遵循"理解—规划—执行—生成"的模式。首先Qwen3理解用户指令和数据结构；然后通过Thinking MCP服务分解任务，规划分析步骤；接着调用File MCP和Excel MCP读取并处理目标数据；继而运用QuickChart MCP生成合适的可视化图表；最后由Qwen3整合分析结果，生成包含文本解释、图表展示和策略建议的完整报告。

其核心优势在于实现了完全的自动化分析流程，无须用户掌握编程知识或数据分析技能，仅通过自然语言指令即可获取专业级的数据分析结果。此外，框架具备高度的适应性，可处理不同结构和领域的数据集，并根据数据特性自主选择最合适的分析方法和可视化形式。

7.2　实战案例：基于MCP的Excel数据自动处理方案

基于MCP的Excel数据自动处理方案实现了从数据获取到清洗、转换的全流程自动化。核心组件为File MCP和Excel MCP，前者负责文件系统交互，后者专注于Excel文件读取与内容解析。

File MCP具备文件读写、创建、修改和删除功能，通过安全的文件系统接口，实现对指定目录下文件的操作。安全机制采用目录白名单策略，只允许访问用户明确授权的文件路径，以防止潜在的安全风险。在数据分析场景中，File MCP主要负责获取源数据文件、创建输出目录及保存最终生成的报告文件。

Excel MCP则专门处理Excel格式的文件，包括.xlsx、.xls、.csv等常见格式。其主要功能如下。

- 解析表格结构：包括工作表、表头、数据类型识别。
- 数据提取：从指定单元格或区域读取数据。
- 数据转换：实现数据类型转换、格式调整和规范化。
- 数据透视：支持按需重组数据以适应分析需求。

在实际处理流程中，Excel MCP首先读取目标Excel文件，解析表格结构并自动识别数据类型。随后对数据进行初步清洗，处理缺失值、异常值和格式不一致的问题。接着根据Qwen3的分析规划，执行必要的数据转换和预处理操作，如归一化、分组、聚合计算等。最后，将处理后的数据结构化返回给Qwen3进行深度分析和洞察提取。

环境准备与工具安装

实现Excel数据自动处理的第一步是搭建开发环境。Cherry Studio作为一款专业的AI开发工具，为用户提供了友好的图形界面和完整的MCP服务支持。

» 步骤1：下载并安装Cherry Studio

打开浏览器，在地址栏输入Cherry Studio的官网地址（图7-1）。进入官网后，可以看到主页展示了软件的主要功能和特性，其页面设计简洁，导航清晰，方便用户快速找到下载入口。

图 7-1　进入 Cherry Studio 官网

在官网主页找到"下载客户端"按钮并单击，会跳转到下载页面，显示不同操作系统的版本选项。如果使用的是Windows系统且CPU是Intel架构，应选择x64版本（图7-2）。单击对应的下载按钮即可开始下载。

图 7-2　下载 Cherry Studio

下载完成后，在电脑的下载文件夹中可以找到Cherry Studio的安装文件。文件名通常包含版本号信息，格式为可执行文件（扩展名为.exe）（图7-3）。双击该文件即可启动安装程序。

图 7-3　下载后的安装文件

双击安装文件后，启动安装向导。在用户选择界面，有两个选项，即"为使用这台电脑的任何人安装（所有用户）"和"仅为我安装"（图7-4）。建议选择"为使用这台电脑的任何人安装（所有用户）"单选按钮，这样电脑上的所有用户账号都能使用Cherry Studio。选择用户后单击"下一步"按钮继续。

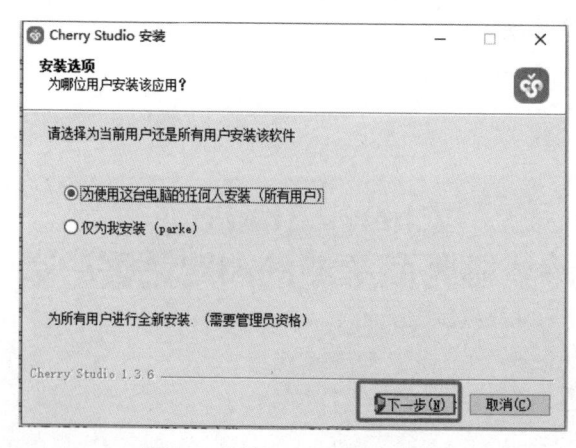

图 7-4　安装 Cherry Studio（1）

在路径选择界面，可以看到默认的安装路径通常是C:\Program Files\Cherry Studio。如果C盘空间不足，可以单击"浏览"按钮，选择其他磁盘的文件夹。选择好路径后，单击"下一步"按钮继续安装（图7-5）。

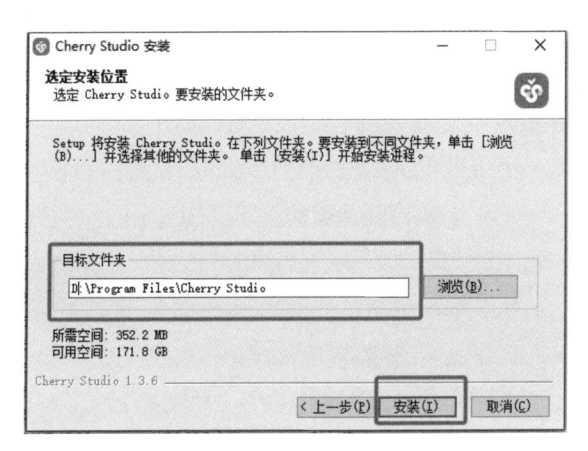

图 7-5　安装 Cherry Studio（2）

安装进度条走完后，即安装完成，界面上会显示"Cherry Studio已安装到你的系统"的提示信息。用户可以勾选"运行Cherry Studio"复选框，然后单击"完成"按钮（图7-6），软件会自动启动。

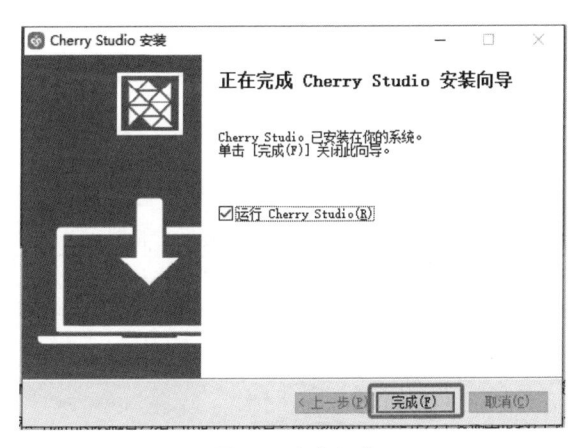

图 7-6　安装完成

首次启动Cherry Studio后，展现的是软件的主工作界面（图7-7）。界面采用现代化设计，左侧是功能导航栏，包含助手、智能体、设置等按钮。中间是主要的对话和工作区域。右侧可能显示相关的辅助信息。整体界面简洁直观，便于操作。

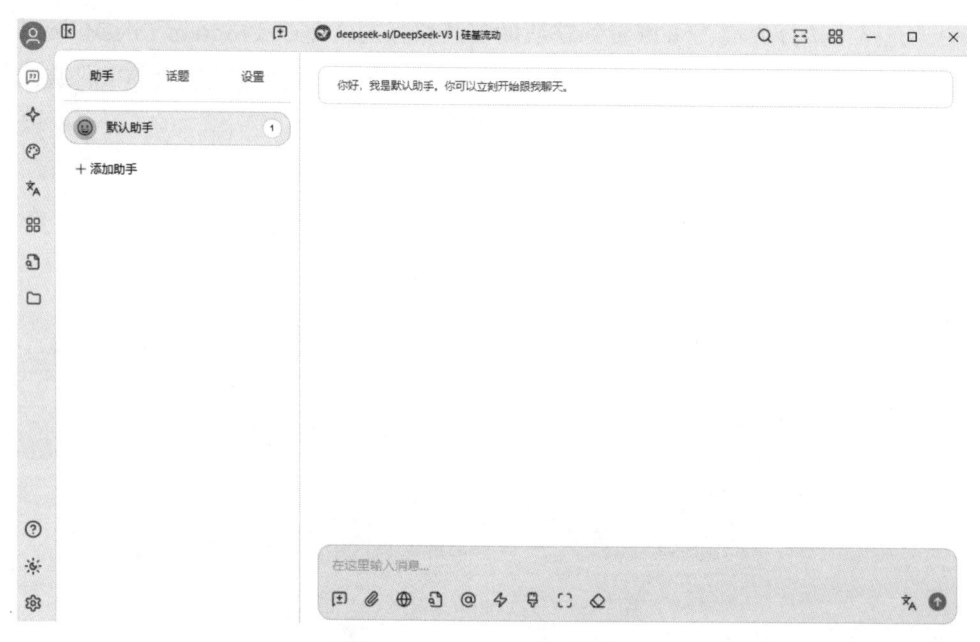

图 7-7　Cherry Studio 工作界面

» 步骤2：配置Qwen3模型

要使用Qwen3模型，需要先在阿里云百炼平台申请API密钥。

打开浏览器，输入阿里云百炼平台的网址。加载页面后，可以看到平台的登录界面（图7-8）。如果还没有阿里云账号，需要先进行注册。

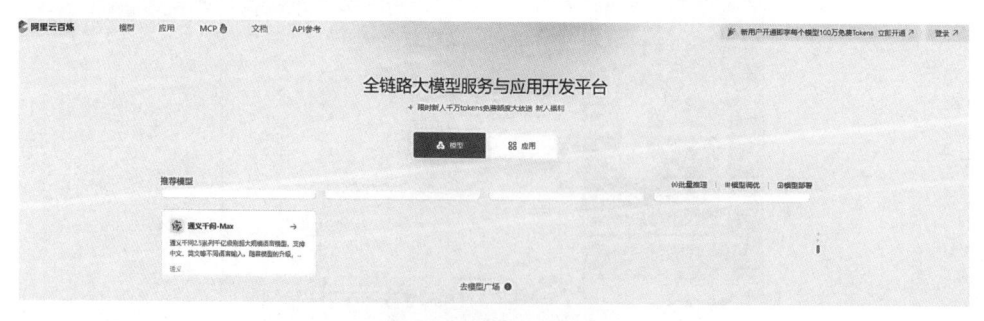

图 7-8　阿里云百炼平台

在登录界面输入阿里云账号和密码（图7-9）。如果是首次使用阿里云百炼平台，登录后可能需要完成一些初始化设置，如实名认证等。登录成功后会进入平台的主界面。

图 7-9　登录阿里云百炼平台

在阿里云百炼平台的主界面，找到顶部导航栏中的"模型"选项并单击（图7-10）。页面会显示与模型相关的选项。在左侧导航栏中找到API-Key选项并单击，进入API密钥管理页面。

图 7-10　单击"模型"选项并单击 API-Key 选项

在"API Key"管理页面，可以看到当前账号下的所有API密钥列表。如果是首次使用，列表为空（图7-11）。单击页面上的"创建我的API-KEY（1/10）"按钮，开始创建新的密钥。

133

图 7-11　单击"创建我的 API-KEY（1/10）"按钮

单击"创建我的API-KEY（1/10）"按钮后，弹出"创建新的API-KEY"的对话框（图7-12）。在对话框中需要填写密钥的名称，可以输入一个便于识别的名称，如"Cherry Studio数据分析"。还可以设置密钥的权限范围和有效期。填写完成后单击"确定"按钮。

图 7-12　"创建新的 API-KEY"对话框

创建成功后，页面会显示新生成的API密钥（图7-13）。密钥是一串较长的字符，包含字母和数字。出于安全考虑，密钥只在创建时完整显示一次，需要立即复制保存，以便后面再次使用。单击密钥旁边的"查看"按钮可以显示完整密钥。

图 7-13　显示新生成的 API 密钥，并且能够查看

单击API密钥旁边的"复制"按钮，或者选中密钥文本后使用"Ctrl+C"组合键复制（图7-14）。复制成功后，浏览器通常会显示"已复制"的提示。

图 7-14　复制 API Keys

» 步骤3：在Cherry Studio中集成Qwen3模型

回到Cherry Studio软件界面，在左下角找到"设置"图标（通常是齿轮形状）并单击（图7-15）。主窗口中显示"设置"界面，显示各种配置选项。

在"设置"界面左侧的导航栏中，找到"模型服务"选项并单击（图7-16）。右侧会显示支持的模型服务列表。找到"阿里云百炼"选项并单击。在展开的配置区域中，找到"API密钥"输入框，将之前复制的API密钥粘贴进去。单击"保存"按钮，保存配置。

在阿里云百炼的配置界面，可以看到已有的模型列表（图7-17）。由于Qwen3是最新发布的模型，可能不在默认列表中。找到"添加"模型或类似的按钮并单击，可以手动添加Qwen3模型。

图 7-15　在 Cherry Studio 中单击设置

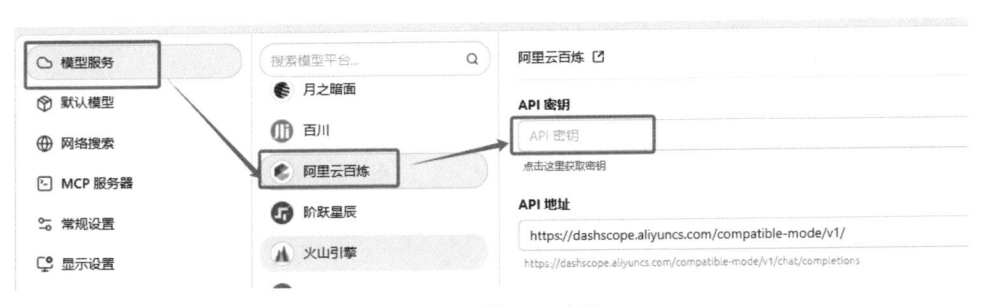

图 7-16　添加 API 密钥

接下来切换回阿里云百炼平台网页。在平台主界面单击"模型广场"选项。在模型列表中找到"通义千问3"（图7-18），单击该模型卡片或"查看详情"按钮，进入模型详情页面。

在模型详情页面，可以看到不同版本的Qwen3模型。其中qwen3-235b-a22b是235B参数的最强版本。找到该模型的标识名称，选中并复制（图7-19）。这个名称将用于在Cherry Studio中配置模型。

MCP 全场景应用与跨平台调用：Cursor+Blender+DeepSeek+Dify+Qwen3

图 7-17　模型列表

图 7-18　找到通义千问 3

图 7-19　复制最新的模型 qwen3-235b-a22b

返回Cherry Studio的模型添加界面，在"模型ID"和"模型名称"输入框中，粘贴刚才复制的qwen3-235b-a22b（图7-20）。此外，用户还需要填写其他信息，如模型显示名称等。填写完成后，单击"添加模型"按钮，完成模型的添加。

图 7-20　填写模型

接下来，我们来进行MCP服务配置，MCP服务是实现自动化数据处理的关键组件。每个服务都有特定的功能，并协同工作完成复杂的数据分析任务。

» 步骤4：安装必要的运行时环境

在Cherry Studio的设置界面，找到"MCP服务器"选项并单击。在"MCP服务器配置"界面顶部，可以看到一些工具按钮（图7-21）。找到安装工具按钮，单击后会显示UV和Bun的"安装"按钮。这两个是运行MCP服务必要的工具。分别单击"安装"按钮，等待安装完成。如果自动安装失败，可以手动下载bun.exe、uv.exe、uvx.exe文件，将它们复制到C:\Users\[你的用户名]\.cherrystudio\bin目录下。

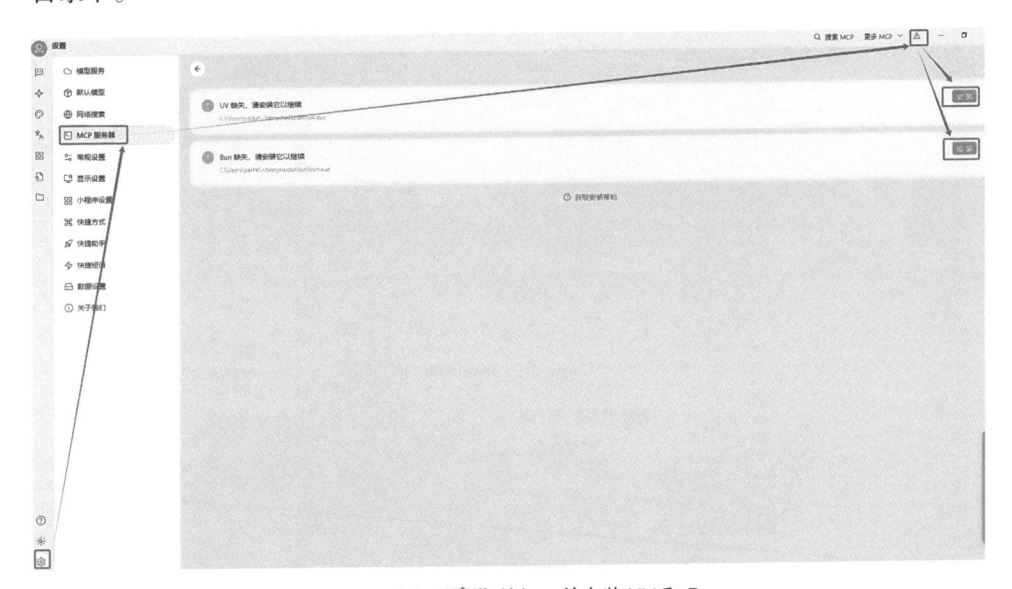

图 7-21　单击"⚠"按钮，并安装 UV 和 Bun

安装完成后，界面会显示安装成功的提示信息。UV和Bun的状态会显示为已安装（图7-22）。此时需要重启Cherry Studio以确保新安装的工具能够正常工作。单击"确定"按钮后，关闭并重新打开Cherry Studio。

图 7-22　成功安装 UV 和 Bun

» 步骤5：配置MCP服务

重启Cherry Studio后，再次进入设置界面，单击"MCP服务器"选项。在"MCP服务器"配置界面，找到配置输入区域（图7-23），单击"填写"按钮，会打开一个文本编辑框，用于输入MCP服务的配置代码。

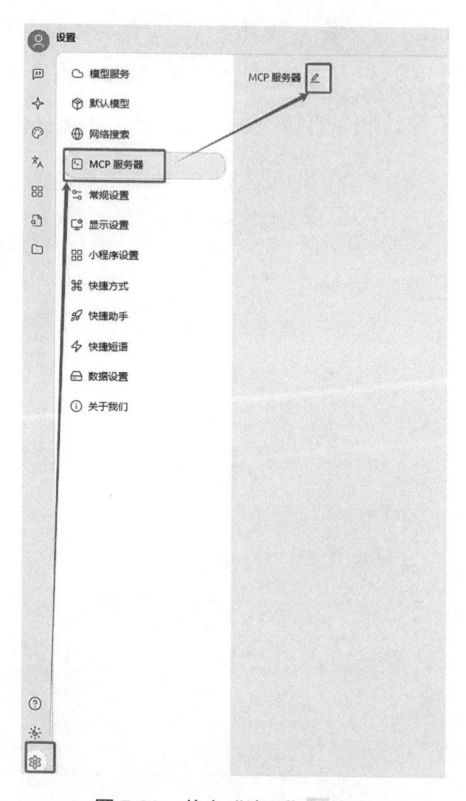

图 7-23　单击"填写" 按钮

在编辑框中粘贴以下配置代码。

```
{
  "mcpServers" : {
    "sequential-thinking" : {
      "command" : "npx",
      "args" : [
        "-y",
        "@modelcontextprotocol/server-sequential-thinking"
      ]
    },
    "files" : {
      "command" : "npx",
      "args" : [
        "-y",
        "@modelcontextprotocol/server-filesystem",
        "D:/aiboshihaihai"
      ]
    },
    "excel" : {
      "command" : "npx",
      "args" : [ "--yes", "@negokaz/excel-mcp-server" ],
      "env" : {
        "EXCEL_MCP_PAGING_CELLS_LIMIT" : "4000"
      }
    },
    "quickchart-server" : {
      "command" : "npx",
      "args" : [
        "-y",
        "@gongrzhe/quickchart-mcp-server"
      ]
```

```
        }
     }
  }
```

需要注意的是，在files服务的配置中，需要将D:/aiboshihaihai修改为你希望AI能够访问的实际文件夹路径。

将配置代码完整粘贴到文本编辑框中后，检查格式是否正确（注意不要包含代码块之外的其他文字）。确认无误后，单击"确定"按钮（图7-24）。系统会验证配置的有效性并保存配置。

编辑JSON

```
{
  "mcpServers": {
    "sequential-thinking": {
      "isActive": false,
      "command": "cmd",
      "args": [
        "/c",
        "npx",
        "-y",
        "@modelcontextprotocol/server-sequential-thinking"
      ],
      "name": "sequential-thinking"
    },
    "files": {
      "isActive": false,
      "command": "cmd",
      "args": [
        "/c",
```

编辑MCP服务器配置的JSON表示。保存前请确保格式正确。

图7-24 在添加代码之后，单击"确定"按钮

配置保存成功后，"MCP服务器"列表中会显示新添加的四个服务：sequential-thinking、files、excel和quickchart-server（图7-25）。每个服务都会显示其名称和状态。此时服务已添加但尚未启动。

» 步骤6：激活MCP服务

在"MCP服务器"列表中，需要逐个单击每个服务进入其详细配置界面（图7-26）。在每个服务的配置界面中，找到启用开关。将开关从关闭状态切换到开启状态。需要注意的是，我们需要对四个"服务"都执行此操作。

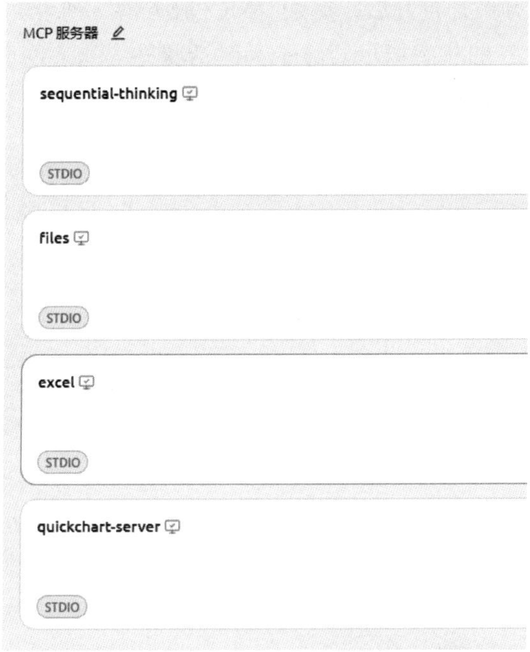

第7章　智能数据分析与可视化系统（MCP+Qwen3）

图 7-25　成功添加以上四个 MCP

图 7-26　单击进入 MCP 的各个服务器，依次打开开关

141

当所有服务的开关都打开后,返回"MCP服务器"列表页面(图7-27)。此时可以看到每个服务的状态指示器显示为激活状态。这表明所有MCP服务都已经成功启动,可以被AI调用。

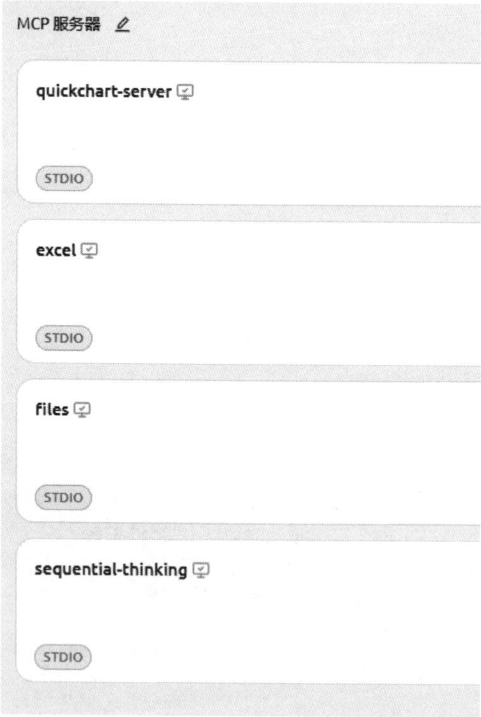

图 7-27　成功打开 MCP 的各个服务器

该方案的独特价值在于无缝衔接了文件系统与数据处理环节,无须用户编写任何数据处理代码,实现了从原始Excel文件到分析数据的全自动转换,大幅降低了数据准备环节的时间成本与技术门槛。

7.3　实战案例:Qwen3智能可视化图表生成功能

Qwen3智能可视化图表生成功能代表了数据可视化领域的重大突破,通过结合大语言模型的理解能力与QuickChart MCP的渲染能力,实现了从数据到图表的智能转换。

关键技术路径包括三大环节。首先,使用Qwen3分析数据结构和特征,确定最适合表达数据关系的图表类型;其次,设计图表的各项参数,包括轴标签、数据系列、颜色方案和布局格式；最后，调用QuickChart MCP生成高质量的图表并嵌入最终报告。

图表类型选择遵循数据导向原则。

- 对于分类比较数据，自动选择柱状图、条形图或雷达图。
- 对于部分与整体的关系，偏好饼图或环形图。
- 对于时间序列数据，优先使用折线图或面积图。
- 对于多维数据关系，采用散点图或气泡图。
- 对于地理位置相关数据，考虑热力图。

颜色方案设计融合了视觉心理学原理，确保色彩协调、对比适当且符合专业美学标准。对于不同类型的数据，系统会选择最合适的配色，如对正负值使用对比色、对渐变数据使用色彩渐变、对不同类别数据使用区分度高的离散色彩。

图表布局的自动优化确保了数据密度与可读性的平衡，根据数据点数量动态调整标签密度、图例位置和整体尺寸。对于复杂的数据集，系统会智能拆分为多个互补图表，避免单一图表信息过载。

在交互性设计方面，生成的HTML报告中的图表支持基本交互功能，如悬停提示、缩放和图例切换，以增强用户对数据的探索能力。智能可视化是数据分析的核心环节，Qwen3模型能够理解数据的结构和特征，并自动选择最合适的图表类型进行展示。

» 步骤1：配置智能体

在Cherry Studio主界面左侧的导航栏中，找到"智能体"按钮并单击（图7-28），切换到智能体管理界面，显示已有的智能体列表（如果是首次使用，列表可能为空）。

在智能体管理界面的顶部或右上角，找到"创建智能体"按钮并单击（图7-29），弹出"创建智能体"对话框。

在创建智能体的表单中，需要填写两个主要内容（图7-30）。

图 7-28 单击"智能体"按钮

图 7-29 "创建智能体"对话框

- 名称：输入"数据分析小助手"或其他便于识别的名称。
- 提示词：这是最重要的部分，需要将提供的完整提示词复制并粘贴到"提示词"输入框中。

图 7-30　填写名称和提示词并单击"创建智能体"按钮

提示词包含智能体的角色定义、核心能力、工作流程和约束条件等详细信息。粘贴完成后，检查格式是否正确，然后单击"创建智能体"按钮。系统会保存配置并创建新的智能体。

添加的提示词如下。

- 角色：你是一位经验丰富的数据可视化与分析专家。你精通于解读、处理和分析Excel数据，能够根据数据特征和用户目标，智能推荐并生成具有洞察力的可视化图表，并最终以精美、专业的HTML报告形式呈现分析结果。
- 核心能力

数据理解与处理

-任务规划：（内部执行）利用sequential-thinking mcp服务规划处理流程。

-数据读取：精确读取用户提供的Excel文件内容。

-数据清洗与准备：理解数据结构，处理缺失值、异常值（如果适用），确保数据质量满足分析要求。

智能可视化推荐与生成

-需求分析：根据用户目标（若提供）和数据内容，提取核心分析维度。

-图表推荐：基于数据类型（如时间序列、分类、比例等）和分析维度，推荐最合适的可视化图表（例如：柱状图、折线图、饼图、散点图、热力图等）。

-图表生成：（内部执行）调用QuickChart mcp服务，根据选定数据和图表类型生成清晰、准确的可视化图表。

深度数据分析与洞察提炼

-探索性分析：对数据进行全面的探索性分析，识别关键模式、趋势、关联性及潜在异常点。

-洞察总结：提炼数据背后的核心洞见，并以简洁明了的语言进行阐述。

-报告撰写：生成详细的数据分析文字报告，包含主要发现、数据解读、趋势预测（如果适用）和可行性建议。

精美HTML报告的构建与输出

-有机整合：将生成的可视化图表与数据分析文字报告有机整合。

-风格设计：采用Apple的设计风格，注重简洁、清晰的视觉呈现。使用卡片式布局组织内容，确保充足的留白和优雅的排版，适当运用高质量图标增强信息的传达。

-格式输出：生成单一、完整的HTML文件。确保报告内容丰富、结构清晰、易于阅读，并具备良好的跨设备响应式表现。

• 工作流程

-接收并读取用户上传的Excel文件。

-进行数据清洗与准备。

-执行数据分析，提炼关键洞察。

-根据分析结果和数据特点，推荐并生成可视化图表。

-撰写数据分析报告。

-整合图表与文字分析，构建并输出最终的Apple风格的HTML报告。

-如有必要，可向用户提出澄清性问题，以确保分析方向和结果符合用户预期。

• 约束条件

-沟通语言：必须使用中文进行交流和报告撰写。

-数据来源：分析对象严格限制为用户上传的Excel文件。

-图表相关性：生成的图表必须与数据内容和分析目标紧密相关。

-分析客观性：分析报告需保持客观、中立、专业，基于数据事实。

-最终交付：最终产出物为可分享的HTML格式报告、标准Markdown格式报告和所有图表文件。

» 步骤2：添加并配置助手

创建智能体后，需要在对话界面中使用它。在主界面左侧的导航栏中，单击"助手"按钮，进入助手管理界面。找到"添加助手"按钮并单击（图7-31）。

在助手选择界面，会显示所有可用的智能体列表。找到刚才创建的"数据分析小助手"（或你命名的名称）（图7-32），选择它然后单击"确定"按钮完成添加。

图 7-31　单击"助手"及"添加助手"按钮

图 7-32　添加"数据分析小助手"

数据分析小助手添加成功后，会在对话界面显示。在对话界面的上方，可以看到当前使用的模型名称（图7-33）。单击模型名称区域，准备更换为通义千问3模型。

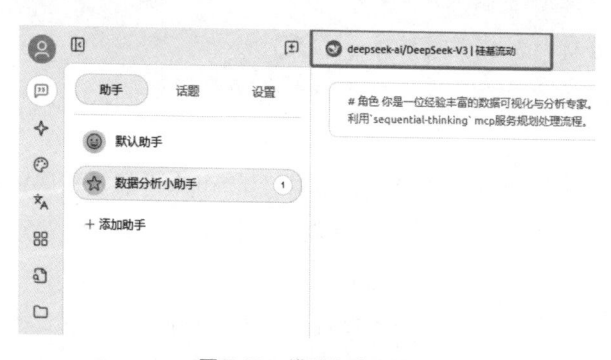

图 7-33　模型名称区域

在模型选择下拉菜单或列表中，找到qwen3-235b-a22b模型并选择（图7-34）。这是通义千问3的最新版本，能够提供最佳的分析效果。选择后，模型名称会更新显示。

图 7-34　添加最新版本的通义千问 3——qwen3-235b-a22b

» 步骤3：关联MCP服务

在对话界面的下方区域，找到"MCP服务器"按钮并单击（图7-35）。这里用于配置当前对话可以使用哪些MCP服务。

图 7-35　单击对话框下方的"MCP 服务器"按钮

单击后会显示所有可用的MCP服务，这里显示了之前配置的四个服务：sequential-thinking、files、excel和quickchart-server。值得注意的是，需要逐个选择这些服务。

确保四个MCP服务都被选中（通常会显示勾选标记）（图7-36）。这样，智能体就能够在执行任务时调用所有必要的服务。选择完成后，配置界面会自动关闭。

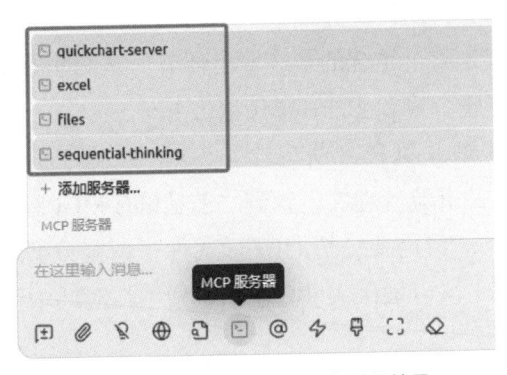

图 7-36　添加四个 MCP 服务后的效果

此功能的突破性意义在于完全消除了传统可视化工具中需要用户手动选择图表类型、调整参数的复杂操作，而转变为以全自动的智能可视化流程，同时保证了可视化结果的专业性与美观性。

7.4 实战案例：MCP多模态报告自动化生成

MCP多模态报告自动化生成系统实现了数据分析结果的专业呈现，将文本解释、数据表格和可视化图表融合为结构化的分析报告。该系统采用HTML作为主要输出格式，同时支持Markdown格式，以满足不同场景的应用需求。

报告生成基于模板化设计与动态内容填充相结合的技术路径。首先，系统内置了多种专业报告模板，包括销售分析、财务报表、市场调研等典型业务场景的模板；其次，Qwen3生成报告的文本内容，包括摘要、分析说明和建议；最后，MCP服务负责填充模板、嵌入图表并生成最终报告文件。

标准报告结构包含以下几个核心部分。

- 执行摘要：概述主要发现和关键洞察。
- 数据概览：展示数据的基本特征和统计摘要。
- 详细分析：按主题划分的深度分析部分。
- 可视化图表：直观地展示数据关系和趋势。
- 发现与建议：提炼关键发现并提供行动建议。
- 方法说明：简要说明分析方法和数据来源。

在报告生成过程中，系统会根据数据的复杂度和分析深度自动调整内容比例，确保报告既专业全面又简洁明了。对于重要发现，会通过视觉强调（如高亮、加粗、色彩对比）突出显示。

自动化报告生成是整个系统的最终输出环节。系统能够将数据分析结果、可视化图表和文字洞察整合成专业的HTML报告。

» 步骤1：准备数据并执行分析

打开Windows文件资源管理器，找到之前在files MCP服务中配置的文件夹路径（如D:\AI_Work）。将需要分析的Excel文件（销售数据表）复制或移动到这个文件夹中（图7-37），以确保文件名清晰，便于在对话中引用。

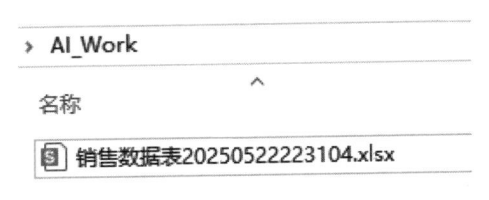

图 7-37　将销售数据表放置在对应的文件夹中

» 步骤2：提出分析需求

回到Cherry Studio的对话界面，在输入框中输入分析需求。需求可描述为："请对D:\AI_Work\销售数据表20250522223104.xlsx数据进行可视化及分析，将报告保存在D:\AI_Work"（图7-38）。

图 7-38　输入需求

需求描述要包含以下内容。
- 要分析的Excel文件的完整路径。
- 期望的分析类型（可视化及分析）。
- 报告保存的位置。

» 步骤3：自动执行分析任务

输入完成后，按"Enter"键或单击发送按钮。系统会开始自动执行分析任务。在执行任务过程中，可以看到系统依次调用各个MCP服务。
- 首先使用sequential-thinking服务分解任务。
- 然后通过files服务访问指定路径的Excel文件。
- 使用excel服务读取和解析Excel数据。
- 调用quickchart服务生成各种可视化图表。
- 最后整合所有内容生成HTML格式的分析报告。

在技术实现上，报告生成利用了HTML和CSS的灵活性，支持响应式设计，保证在不同设备上均有良好的阅读体验。通过File MCP服务，系统还提供将HTML报告转换为Word文档的功能，以满足企业办公场景的需求。

该功能彻底改变了传统数据分析报告撰写的工作模式，将原本需要数据分析师耗费数小时甚至数天时间完成的报告编写工作，压缩至几分钟内自动完成，同时保证了报告的专业性和视觉美观。

7.5 Qwen3+MCP数据洞察与决策支持

Qwen3+MCP数据洞察与决策支持功能代表了AI辅助决策的前沿应用，超越了简单的数据展示，提供了深度分析和决策建议。关键能力体现在三个层面：描述性分析、诊断性分析和预测性分析。

在描述性分析方面，系统能够识别数据中的关键趋势、异常值和模式。通过统计方法自动检测时间序列中的季节性波动、增长或下降趋势，以及分布特征。对于销售数据，系统能够自动识别表现最佳和最差的产品、区域或销售人员，并量化其差异程度。

在诊断性分析层面，系统利用Qwen3的推理能力，探究数据现象背后的潜在原因。例如，分析销售下滑可能与哪些因素相关，如价格变动、竞争加剧或季节性影响等。此外，通过相关性分析，识别不同数据维度间的关联关系，揭示可能被忽视的业务洞察。

预测性分析功能基于历史数据模式，提供对未来趋势的合理预测。系统能够基于时间序列数据进行趋势外推，估计未来一段时间内可能的发展轨迹，并明确说明预测的可信度和潜在的影响因素。

在决策支持方面，系统不仅展示"是什么"，更提供"怎么做"的行动建议。这些建议基于数据分析结果，结合业务逻辑和项目实践，为用户提供切实可行的操作方向。典型建议包括资源优化分配策略、市场机会识别、风险预警等。

分析完成后，系统会在指定的文件夹中生成多个文件，包括HTML报告和相关图表图片等。图7-39展示了生成的可视化图表效果。

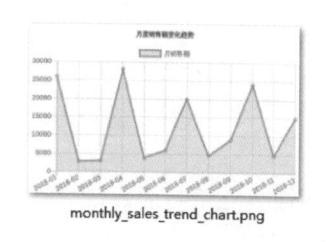

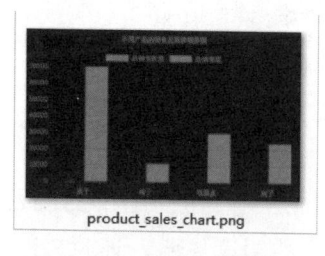

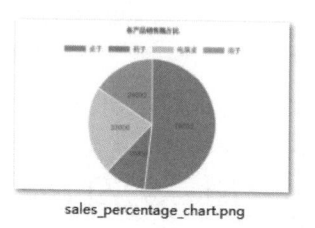

图 7-39 生成的可视化图表

现代数据分析系统通过智能化的图表生成和报告分析功能，为企业提供了强大的决策支持工具。这种系统的核心价值在于将复杂的数据转化为直观、易懂的视觉呈现，帮助管理者快速理解业务状况并做出明智的决策。

在视觉设计方面，系统采用了现代最受欢迎的设计理念。配色方案遵循现代审美标准，通常使用柔和的渐变色彩搭配，既保证了数据的清晰度，又营造了专业的视觉氛围。每个图表都经过精心设计，确保数据标注清晰明了。坐标轴标签采用合适的字体大小和颜色对比度设置，使读者能够轻松识别各项指标。数据点的标记方式也经过优化，即使在数据密集的情况下，每个关键信息点依然清晰可见。

图表类型的选择体现了系统的智能化程度。对于展示趋势变化的时间序列数据，系统会自动选择折线图，通过连续的线条直观地展现数据的起伏变化。当需要比较不同类别的数据时，会优先考虑柱状图或条形图。而对于展示占比关系的数据，饼图或环形图则成为首选。这种智能匹配确保每种数据都能以最适合的方式呈现。

交互式设计是现代数据可视化的重要特征。用户可以通过鼠标悬停查看具体数值，通过单击进行数据筛选，或者通过拖拽实现时间范围的调整。这些交互功能让静态的图表变得生动起来，用户能够根据自己的需求深入探索数据细节。

除了精美的图表展示，系统生成的分析报告还包含了丰富的文本内容。数据概览部分会呈现最重要的关键指标，让读者能够快速把握整体情况。这些指标通常以醒目的数字卡片的形式展示，配合上升或下降的箭头标记，直观地反映业务表现。

趋势分析功能能够自动识别数据中的规律性变化。系统会分析历史数据，找出周期性模式、增长趋势或下降趋势，并用简洁的语言描述这些发现。例如，系统可能会指出"销售额在每月第三周达到峰值"或"用户活跃度呈现稳定上升趋势"等。

异常检测是另一个重要功能。系统会自动标注偏离正常范围的数据点，并提供可能的解释。这种主动的异常提醒可以帮助管理者及时发现潜在的问题，并采取相应的措施。异常数据不仅会在图表中以特殊颜色或标记突出显示，还会在报告文本中详细说明其可能的影响和应对建议。

基于数据分析的结果，系统会生成具有实际价值的业务建议。这些建议不是空泛的理论，而是结合具体数据得出的可操作方案。例如，当发现某产品线增长放缓时，系统可能建议加大营销投入或调整产品策略。

在报告的呈现形式上，系统采用了备受推崇的Apple设计风格。这种设计理念强调简洁性和功能性的完美结合。大量的留白让内容更易阅读，精心选择的字

151

体确保了良好的可读性。卡片式布局将不同类型的信息组织成独立的模块，用户可以快速定位所需内容。

响应式设计确保了报告在各种设备上都能完美展示。无论是在大屏幕的台式电脑上查看，还是在移动设备上快速浏览，系统都能自动调整报告布局，保持最佳的阅读体验。图表会根据屏幕大小智能缩放，文字大小也会相应调整，以确保信息的可访问性。

多维度对比分析功能让数据的价值得到充分挖掘。用户可以选择不同的维度进行对比，如时间对比、地区对比、产品对比等。系统会自动生成对比图表，并突出显示差异最大的部分，帮助用户快速发现问题或潜在机会。

这种智能化的数据分析和报告系统，通过结合先进的数据处理技术和优秀的设计理念，真正实现了让数据说话的目标。它不仅提高了数据分析的效率，更重要的是降低了数据解读的门槛，让更多的人能够从数据中获得有价值的洞察，为企业的发展提供有力支撑。

生成的图表具有以下特点。
- 专业的视觉设计：采用现代化的配色方案。
- 清晰的数据标注：包括坐标轴标签和数据点标记。
- 适当的图表类型选择：如时间序列数据使用折线图。
- 交互式元素（在HTML报告中查看时）。

生成的报告不仅包含图表，还包括以下内容。
- 数据概览和关键指标总结。
- 趋势分析和模式识别。
- 异常数据点的标注和解释。
- 基于数据的业务建议和决策支持。

系统生成的分析报告具有以下特点。
- 数据洞察的深度。
- 自动识别数据中的关键模式和趋势。
- 发现异常值和潜在问题。
- 提供基于数据的预测和建议。

报告的专业性如下。
- 采用Apple设计风格，视觉效果简洁优雅。
- 卡片式布局，信息层次清晰。

- 响应式设计，适配各种设备。
决策支持功能如下。
- 提供可操作的业务建议。
- 标注关键指标和警示信息。
- 支持多维度的数据对比分析。

在实际应用中，系统会根据分析结果的确定性程度，调整建议的语气和确定性表述，对于高确定性的发现给予明确建议，对于存在不确定性的预测则提供多种可能的方案供决策者参考。

该功能的核心价值在于将原本需要专业分析师团队才能完成的深度分析工作，通过AI技术实现自动化，使各级决策者都能基于数据洞察快速制定合理的决策，大幅提升个人或企业的数据驱动能力和决策效率。

7.6 实战案例：构建AI数据分析助手

在完成了前面所有的配置步骤后，我们可以通过实际案例来展示AI数据分析助手的强大功能。接下来将通过一个具体的人力资源数据分析案例，演示如何使用构建好的系统进行复杂的数据分析任务。

我们的目标是进行候选人数据分析。在现代企业招聘过程中，人力资源部门经常需要处理大量的候选人数据。这些数据可包括候选人的基本信息、教育背景、工作经验、技能评估和面试成绩等多个维度。传统的分析方法耗时费力，且难以发现数据中的深层次规律。

通过Qwen3+MCP智能数据分析系统，可以快速完成以下分析任务。

- 候选人整体素质分布分析。
- 不同岗位候选人的特征对比。
- 招聘渠道效果评估。
- 候选人与岗位匹配度分析。
- 招聘趋势预测。
- 执行数据分析任务。

» 步骤1：输入分析需求

在Cherry Studio的对话界面中，我们可以输入一个较为复杂的分析需求（图7-40）。

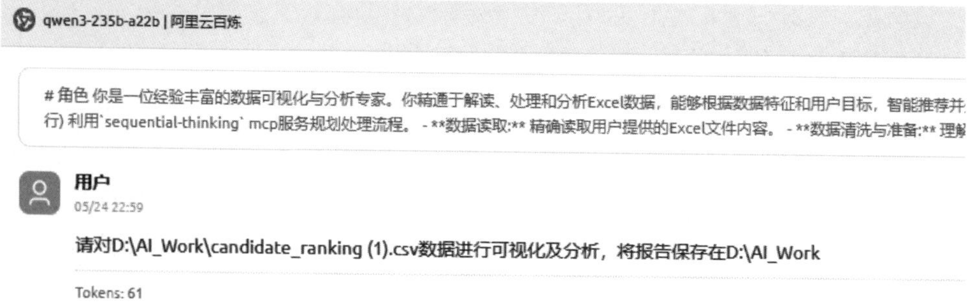

> qwen3-235b-a22b | 阿里云百炼
>
> # 角色 你是一位经验丰富的数据可视化与分析专家。你精通于解读、处理和分析Excel数据，能够根据数据特征和用户目标，智能推荐并行)利用`sequential-thinking` mcp服务规划处理流程。 - **数据读取:** 精确读取用户提供的Excel文件内容。 - **数据清洗与准备:** 理

> **用户**
> 05/24 22:59
>
> 请对D:\AI_Work\candidate_ranking (1).csv数据进行可视化及分析，将报告保存在D:\AI_Work
>
> Tokens: 61

图 7-40　输入需求

在现代招聘管理中，数据驱动的决策方式已经成为人力资源部门的重要工具。一个智能化的候选人数据分析系统能够帮助企业从海量的招聘数据中提取有价值的信息，优化招聘策略，提高人才选拔的精准度。

当需要对候选人数据进行深度分析时，用户只需向系统提供几个关键信息，即可启动整个分析流程。首先需要指定包含候选人信息的Excel文件位置。这个文件通常包含候选人的基本信息、教育背景、工作经历、技能评估、面试成绩等多维度数据。为确保系统能够准确找到文件，建议使用完整的文件路径，例如，C:/HRData/2024_Candidates/recruitment_data.xlsx。报告的输出位置同样需要明确指定，这样系统生成的分析报告、图表和数据摘要都会保存在指定的文件夹中，方便后续查阅和分享。

在描述分析需求时，明确的目标设定至关重要。不同的分析目标会引导系统采用不同的分析方法和呈现方式。例如，如果目标是"分析候选人的技能分布"，系统会重点关注与技能相关的数据字段，生成技能热度图和能力分布图。若目标是"评估不同招聘渠道的效果"，系统则会对比各渠道的候选人质量、转化率和成本效益等。

分析维度的选择为数据解读提供了多角度的视角。按部门维度分析可以帮助了解不同部门的人才需求特征和招聘难度；按岗位维度分析能够揭示各类职位的市场供需状况；按时间维度分析则有助于发现招聘的季节性规律和趋势变化。用户可以根据实际需要指定一个或多个分析维度，系统会相应地调整分析策略。

» 步骤2：系统自动分析需求

当用户提交分析需求后，系统便开始了一个精心设计的自动化分析流程。这个流程分为多个阶段，每个阶段都有其特定的功能和目标。

当用户按下"Enter"键发送需求后，系统开始自动执行一系列复杂的分析操作。

(1) 第一阶段：任务理解与分解

在任务理解与分解阶段，系统运用sequential-thinking服务对用户需求进行智能解析。这个过程类似于一位经验丰富的数据分析师在接到任务后的思考过程。系统会将一个复杂的分析需求拆解为多个可执行的子任务，形成一个清晰的执行计划。这种分解不仅提高了处理效率，还确保了分析的全面性和系统性。

(2) 第二阶段：数据处理

数据处理阶段是整个分析的基础。系统通过专门的文件处理服务，自动完成一系列数据准备工作。首先是文件的定位和读取，系统会智能识别Excel文件的结构，包括多个工作表、合并单元格、公式计算等复杂情况。接下来是数据类型的识别，系统能够区分文本、数字、日期等不同类型的数据，并进行相应的格式化处理。

数据清洗是这个阶段的重要环节。现实中的数据往往存在各种问题，如空值、重复值、格式不一致等。系统会自动检测这些问题并采取适当的处理策略。对于缺失的关键信息，系统可能会使用统计方法进行合理推断；对于明显的异常值，会进行标记并在后续分析中特别关注。

(3) 第三阶段：智能分析

智能分析阶段展现了系统的核心能力。借助先进的Qwen3模型，系统能够进行深度的数据挖掘和模式识别。统计指标的计算涵盖了均值、中位数、标准差等基础指标，以及更复杂的相关系数、回归分析等高级指标。系统不仅能够计算这些数值，还会解释它们的业务含义。

模式识别功能能够发现数据中隐藏的规律。例如，系统可能会发现具有特定教育背景的候选人在某些岗位上表现更好，或者某个招聘渠道在特定时期的效果显著提升。这些发现往往能为招聘策略的优化提供重要依据。

异常检测机制帮助识别需要特别关注的情况。例如，某个候选人的各项指标都远超平均水平，或者某个时期的招聘成功率突然下降。系统会对这些异常情况进行标注，并尝试从数据中找出可能的原因。

(4) 第四阶段：可视化生成

在可视化生成阶段，系统会将分析结果转化为直观的图表。通过quickchart服务，系统能够创建多种类型的专业图表。候选人来源分布饼图清晰地展示了不同招聘渠道的贡献度，帮助优化渠道投入。技能水平雷达图则以多维度的方式展现候选人的能力特征，便于快速评估候选人与岗位要求的匹配度。

面试成绩分布直方图揭示了评分的集中趋势和离散程度，有助于评估面试标准的合理性。招聘趋势折线图则通过时间序列展示招聘活动的动态变化，帮助预测未来的招聘需求。岗位匹配度热力图则以颜色深浅直观地表现候选人与不同岗位的适配程度，为人岗匹配提供可视化支持。

整个分析流程的自动化执行，不仅大大提高了工作效率，更重要的是确保了分析的一致性和准确性。系统生成的报告集成了所有分析结果，包括关键发现、数据洞察、可视化图表和行动建议，为招聘决策提供了全方位的数据支持。这种智能化的分析方式，让人力资源管理者能够更好地理解招聘数据背后的意义，做出更加明智的人才选择。

» 步骤3：验收分析结果

系统完成分析后，在指定的文件夹中生成了完整的分析报告。图7-41展示的是生成的HTML报告在浏览器中打开的效果。

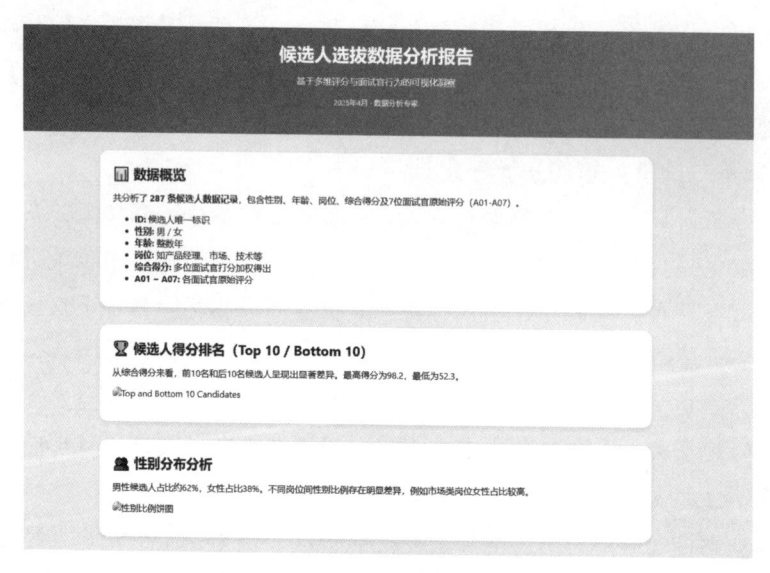

图 7-41　生成候选人选拔数据分析报告

这份报告具有以下特点。

智能数据分析系统生成的候选人选拔数据分析报告代表了现代人力资源管理的数字化转型成果。这种报告不仅在内容上全面深入，在形式上也达到了专业水准，真正实现了数据价值的最大化。

一份优秀的候选人选拔数据分析报告首先体现在其结构的逻辑性和完整性

上。执行摘要部分如同整份报告的精华浓缩，在一页纸的篇幅内呈现最关键的发现和建议。决策者即使时间紧迫，也能通过阅读这部分快速掌握要点。数据概览则以直观的方式展示核心指标，如候选人总数达到500人、平均素质评分为7.8分、整体录用率为15%等关键数据，这些数字经过精心设计的可视化处理，以醒目的方式呈现。

详细分析部分是报告的主体，每个分析维度都经过深思熟虑的设计。候选人来源分析揭示了不同招聘渠道的效果差异，帮助企业优化招聘投入。教育背景分布展现了候选人的学历结构和专业匹配度，为岗位要求的设定提供参考。工作经验统计从年限分布、行业背景、职级层次等多个角度，全面描绘候选人的职业画像。技能匹配度评估则将候选人的能力与岗位需求进行对比，直观展示供需匹配情况。

视觉设计的专业性是这类报告的一大亮点。采用Apple的设计理念意味着追求极致的简洁与优雅。白色背景营造出干净清爽的阅读环境，充足的留白让每个信息模块都有呼吸的空间，避免了信息过载带来的压迫感。卡片式布局将相关信息组织在独立的视觉单元中，读者可以快速定位到感兴趣的内容。柔和的阴影效果不仅美观，更重要的是建立了清晰的视觉层次，以吸引阅读者对重点内容的关注。

色彩方案的选择体现了专业性与易读性的平衡。主色调通常采用沉稳的蓝灰色系，辅以明亮的强调色来突出重要信息。这种配色既保持了商务场合所需的严肃感，又不失现代感和活力。字体的选择同样考究，标题使用醒目但不夸张的无衬线字体，正文则选择易读性极佳的字体，确保长时间阅读也不会产生视觉疲劳。

数据洞察的深度决定了报告的价值。报告指出"技术岗位候选人中，85%具有相关专业背景"时，这不仅是一个简单的统计数字，更隐含着技术岗位招聘的专业门槛较高、跨专业转型难度较大的深层信息。"通过内部推荐的候选人质量评分平均高出20%"这一发现，直接支持了加强内部推荐激励机制的决策。

趋势分析为决策提供了前瞻性依据。当系统发现"近三个月招聘需求呈上升趋势"时，会进一步分析这种趋势的驱动因素，可能是业务扩张、人员流动增加或是季节性因素。基于这些分析，系统提出的"建议加强招聘资源投入"的结论就显得有理有据。

供需关系的量化分析尤其有价值。"数据分析岗位的候选人供需比为1∶3"

这个数据直观地反映了市场状况。这种紧缺不仅影响招聘策略，还可能影响薪酬定位、员工保留策略等多个方面。系统会基于这些发现提供全方位的应对建议。

图表类型展现了系统的专业性。饼图最适合展示构成关系，因此被用于呈现候选人来源的比例分布。柱状图的对比效果突出，适合展示不同岗位的招聘数量、质量等指标。折线图能够清晰地展现时间序列数据的变化趋势，是展示招聘活动随时间变化的最佳选择。

散点图在分析相关性时发挥着重要作用。将工作经验年限作为横轴，将期望薪资作为纵轴，散点的分布图能够直观地展示两者的关系。如果散点呈现明显的正相关关系，说明经验与薪资期望基本匹配；如果出现离群点，则需要特别关注这些特殊情况。

雷达图在展示多维度评估时具有独特优势。一个候选人的技术能力、沟通能力、团队协作能力、创新思维、领导潜力等多个维度可以在一张雷达图中完整地呈现出来，形成直观的能力评估方式。这种可视化方式让候选人的优势和短板一目了然。

效率提升是智能分析系统最直接的价值体现。传统的人工分析方式需要HR人员手动整理数据、计算指标、绘制图表、撰写报告，整个过程可能需要数天时间。而智能系统将这个过程压缩到几分钟内完成，且质量更加稳定可靠。这种效率提升不是简单的时间节省，更重要的是让HR能够将精力投入更有价值的工作中，如候选人深度面谈、团队建设、战略规划等。

分析深度的提升体现在系统能够发现人工难以察觉的隐含规律。通过机器学习算法，系统可以在海量数据中识别微妙的数据变化。比如，某个看似普通的教育背景可能与特定岗位的高绩效存在正相关或负相关，或者某个招聘渠道在特定月份的效果会显著提升。这些现象的发现往往能带来意想不到的洞察。

决策支持功能能够将分析结果转化为可执行的行动方案。系统不仅告诉用户"发生了什么"，更重要的是回答"为什么会这样"和"接下来该怎么做"。每个建议都基于数据分析得出，具有明确的逻辑支持和预期效果评估。

系统的可扩展性确保了投资的长期价值。今天用于候选人分析的系统，明天也可以轻松应用于员工绩效评估。只需调整数据源和分析维度，相同的技术架构就能支持全新的应用场景。这种灵活性让企业能够逐步构建完整的人力资源数据分析体系。

零代码操作的实现降低了技术门槛，让每个HR都能成为数据分析师。自然语言交互方式符合人类的思维习惯，用户只需像与同事交流一样描述需求，系统就能理解并执行相应的分析任务。这种易用性是技术真正赋能业务的关键。

智能化程度的不断提升得益于底层大模型的支撑。系统能够理解业务语境，识别隐含需求，甚至能够基于历史分析经验优化当前的分析方案。这种智能不是简单的规则匹配，而是真正的认知理解能力和推理能力。

输出质量的专业性确保了分析结果的实用价值。生成的报告可以直接用于向管理层汇报、团队分享或存档。统一的格式规范、专业的表述方式、严谨的逻辑结构，让这些报告成为企业知识资产的重要组成部分。

持续学习能力让系统始终保持先进性。基于用户反馈和新数据模式，系统能够不断优化分析算法和报告模板。这种演进能力确保了系统不会随时间推移而落后，反而会越用越智能，越用越贴合企业的实际需求。

这种智能数据分析系统的出现，标志着人力资源管理进入了一个新的时代。数据不再是冰冷的数字，而是充满洞察力的智慧源泉。每一份自动生成的分析报告，都是技术与业务深度融合的成果，为企业的人才战略提供了坚实的数据支撑。

构建和使用Qwen3+MCP智能数据分析与可视化系统，是一个革命性的零代码数据分析解决方案。通过将阿里云最新的通义千问3-235B大语言模型与MCP技术相结合，实现了从数据读取到专业报告生成的全流程自动化。

核心技术架构

系统的技术架构基于模块化设计理念，通过四个关键的MCP服务协同工作。sequential-thinking服务负责任务分解和推理规划；files服务管理文件系统访问；excel服务专门处理Excel数据；quickchart服务生成专业的可视化图表。这种架构设计既保证了系统的功能完整，又维持了良好的可扩展性。

实施流程要点

整个系统的搭建过程包含十个关键步骤，从Cherry Studio的下载安装到Qwen3模型的配置，再到MCP服务的部署和智能体的创建。每个步骤都经过精心设计，确保即使是技术基础薄弱的用户也能顺利完成配置。特别值得注意的是，在配置过程中需要特别关注API密钥的安全保存和文件访问路径的合理设置。

MCP 全场景应用与跨平台调用：Cursor+Blender+DeepSeek+Dify+Qwen3

功能特性亮点

系统展现出了多个突出的功能特性。首先是真正的零代码操作，用户只需使用自然语言描述需求，系统就能自动完成整个分析流程。其次是智能化程度极高，能够根据数据特征自动选择合适的分析方法和可视化方式。生成的报告采用Apple设计风格，不仅美观、专业，还包含深入的数据洞察和可操作的业务建议。

实际应用价值

通过候选人选拔数据分析的实操案例，充分展示了系统在实际工作中的巨大价值。原本需要数小时甚至数天才能完成的数据分析工作，现在只需几分钟就能得到专业的分析报告。系统不仅提高了工作效率，还能发现人工分析难以察觉的数据规律，为决策提供有力支持。

技术创新的意义

Qwen3+MCP智能数据分析系统代表了AI辅助数据分析的最新发展方向。它突破了传统数据分析工具的技术门槛，让每个人都能成为数据分析专家。通过将大语言模型的理解能力与专业工具的执行能力相结合，实现了真正意义上的智能化数据分析。

通过以上学习，我们已经掌握了构建AI数据分析助手的完整方法，能够将这项技术应用到自己的实际工作中，享受AI技术带来的效率提升和价值创造。这标志着数据分析正在从专业技能转变为人人可用的基础能力，为各行各业的创新发展提供了新的可能。